Baking Master
Special
Bread

베이킹마스터 특수빵

이주영·이준열·이재상·윤형준 공저

ⓑ (주)백산출판사

Prologue

빵은 아주 신기한 음식이다.

누군가에게는 식사, 누군가에게는 간식이 되기 때문이다.
시간이 없어, 입맛이 없어, 먹고 싶은 빵이 있어, 가보고 싶은
빵집이 있어 일부러 찾아온다. 베이커들은 항상 위의
사람들을 위해 매일 같은 시간에 같은 일을 반복해서 한다.

베이킹을 하면서 항상 생각하는 것은 내가 만드는 빵은 타인을 위한 것이라는 점이다. 타인을 위해 베이킹을 하는 우리는 항상 청결한 주방과 부끄럽지 않은 공정을 거쳐야 한다. 본인이 만든 음식이 부끄럽지 않도록, 재료를 아끼지 않고 음식을 아까워하지 않고, 음식을 낭비하지 않아야 한다.

빵은 추운 곳에서 따뜻하게 만들어야 하고, 따뜻한 곳에서 차갑게 만들어야 한다. 무거운 반죽, 아픈 다리, 온몸에 묻는 밀가루 이런 많은 단점 속에서도 내가 만든 빵을 먹고 맛있어 하고 행복해 하는 모습을 보면 단점은 잊혀진다. 베이킹을 시작한 지 아무리 오래되었어도 늘 새롭다. 곡물을 가공해 재료로 쓰는 베이킹은 매년 수확되는 곡물의 상태가 100% 똑같지 않기 때문이다. 이를 대비해 탄탄한 기본기, 베이킹의 원리, 재료 혼합에서 생기는 작용을 깊게 이해해야 한다.

사람들의 일상에는 이미 빵이 함께 하고 앞으로는 더 많은 사람들의 일상이 될 것이라고 생각한다. 항상 내 손을 거쳐 다른 사람 입에 들어가 행복해할 모습을 생각하며 빵을 만들어야 한다.

더욱더 많은 사람들이 빵을 좋아했으면 하는 마음과 이 책을 보고 훌륭한 베이커가 될 학생들, 지금도 빵을 만들고 있을 전 세계의 베이커들에게 이 책을 바친다.

누군가의 이상에 가까이 있는 빵은 특별한 음식이 아니다. 하지만 누군가에게 행복을 줄 수 있는 음식이다.

Special Thanks

본 교재가 출간될 수 있도록 도움을 준 현대실용전문학교 임지훈 외 학생들에게 고마움을 전하며 백산출판사 임직원들에게 감사의 인사를 드립니다.

Contents

Recipe

Ciabatta 치아바타

Focaccia 포카치아

Sweets 단과자

Water roux starter 탕종

Christmas bread 크리스마스 빵

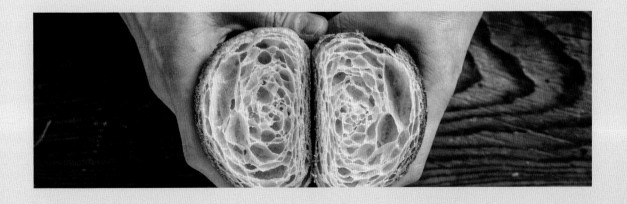

1

빵의 역사

빵은 아주 오래전부터 만들어진 음식이다. '사람은 빵만으로 살 수 없다'라는 성서의 구절을 보면 성서가 쓰이기 전부터 먹었다는 것을 추측할 수 있다. 인류가 농경 사회로 접어들며 빵이라는 음식이 탄생했고 처음의 빵은 납작하거나 아주 무거운 형태의 무발효빵이었다. 고대 이집트 시대부터는 우연한 상황으로 자연 발효된 부푼 빵을 먹었을 것으로 추측되고, 이집트의 자연 발효빵이 로마로 전파되면서 많은 발전을 이루었다. 가축을 이용한 기계식 제분법, 반죽법이 생겨나며 양질의 빵이 나왔다. 하지만 로마시대 당시 제빵 기술은 아주 고급 기술로 빵은 귀족이나 상류층만 먹을 수 있는 음식이었다. 로마가 멸망하고 제빵 기술이 유럽으로 전파되며 더 많은 발전이 이루어졌다. 17세기 후반에 빵을 부풀리는 효모균이 발견되고 19세기에 프랑스의 루이스 파스퇴르Louis Pasteur라는 사람이 효모의 작용을 정확히 파악하고 쉽게 배양할 수 있는 이스트를 만들어 빵은 대중들도 쉽게 접할 수 있는 음식이 되었다. 우리나라는 서양 선교사로부터 전파되었으며, 1890년경 '면포'와 '설고'라는 빵과 카스텔라가 처음 만들어졌다. 6.25 전쟁 이후에는 밀가루 수입을 시작하면서 소규모 제과점이 생겨나고 현재의 모습으로 발전하였다. 빵은 이제 특별한 음식이 아니다. 특별하지 않다는 것은 어디에나 있으며 우리 생활에 빠지지 않는 음식이라는 뜻이다.

1-1 | 제빵의 역사

빵은 아주 오래전부터 인간들의 주식 중 하나였다. 사람들은 재배가 쉬운 밀을 재배해 껍질째로 빻아 물과 섞어 끓여먹거나 구워먹었을 것이다. 점점 과정을 반복하며 밀의 껍질을 분리하고 비율을 조절하여 만들기 쉽고 보관하기 쉬운 빵을 만들었을 것이다. 그 과정에서 아주 우연한 현상, 공기 중의 미생물이나 밀에 붙어있던 미생물이 물과 밀가루를 섞어 놓은 반죽을 부풀렸고 납작하게만 만들었던 빵이 조금은 동그랗게 속이 차있는 빵의 형태가 되었을 것이다. 그 상황을 반복하고 연구해 우리가 지금 먹는 푹신푹신한 빵이 되기까지, 가정에서 만들어 먹는 음식을 만드는 직업이 나오고 빵을 전문적으로 만들어 파는 판매점이 나오기까지 아주 오랜 시간이 걸렸다. 그 과정에서 빵의 모양에 따라 굽는 방법, 오븐의 형태도 아주 많이 바뀌었다. 원래는 돌판, 화덕에 굽던 빵을 오븐에 굽는 것처럼 말이다. 불을 때워 구웠던 퍽퍽하고 딱딱한 빵이 여러 나라를 거치고 새로운 재료들의 조합을 거쳐 우리가 아는 빵이 되었다.

1-2 │ 제빵업의 역사

빵은 아주 오래전부터 먹던 음식이지만 이것을 업(직업)으로 삼는 사람이 나오기 시작한 것은 17세기부터이다.

체계적으로 빵이라는 음식을 만들기 시작하고 그것을 전문적으로 담당하는 사람이 나왔다. 17세기 후반에 상업용 이스트가 나오면서 제빵업은 19세기까지 발달했다. 빵을 굽기 위한 오븐이 나오기 시작하고 손으로 하던 반죽은 기계를 사용해 반죽하기 시작했다. 반죽을 하는 기계를 발명해 빵이 더 쉽게 부풀 수 있게 되고 빵이 더 쉽게 부풀어 오르니 그에 맞는 오븐을 개발하는 과정을 거쳐 현재 우리가 아는 제빵 기계들의 모습이 되고 우리가 알고 있는 빵의 모습이 되었다. 현재 우리는 많은 제빵용 밀가루와 다른 손질된 재료들이 존재해 아주 다양한 빵이 많이 있지만 옛날의 빵은 아주 크고 단순한 모습이었다.

2 효모의 역사

17세기 네덜란드 출신의 과학자 안토니 판 레벤후크Antonie van Leeuwenhoek는 미생물 학자이자 현미경 개발자이다. 현미경으로 다양한 미생물의 존재를 알렸으며, 미생물학의 아버지로 불린다. 시간이 더 흘러 18세기 발효의 어머니라 불리는 프랑스 출신의 세균학자 루이스 파스퇴르Louis Pasteur가 살아있는 미생물이 무산소 상태에서 포도당을 탄산가스와 에탄올로 분해한다는 사실을 증명했고, 밀폐 상태일 때 탄산가스는 물에 녹아 압력이 올라가면서 액체에 발포가 일어나 발효가 되는 효모의 작용과 발효의 원리를 정확히 파악해 널리 알리면서 훗날 모든 발효 음료와 발효 식품의 초석을 다졌다. 빵 발효에 쓰이는 대표적인 이스트는 미국의 플라이쉬만 회사가 설립되면서 공장에서 생이스트가 대량 생산되기 시작했다. 생이스트의 제조법은 물에 출아형 효모를 넣고 영양공급을 위해 당질, 질소, 비타민, 미네랄을 넣고 적정온도에서 저으며 24~48시간을 기다리면 페이스트 형태가 된다. 그 페이스트를 탈수해 압축하면 우리가 아는 생이스트가 된다.

2-1 | 효모의 종류

효모는 균에 속하는 단세포 생물로 밝혀진 것만 약 1500가지 종류가 된다. 효모는 당을 먹이로 삼는데 효모가 당을 먹고 소화시키는 활동을 발효라고 한다. 발효 과정 중효모가 당을 먹고 당을 소화시키며 배출하는 부산물이 발효 식품의 맛과 상태에 영향을 주는 것이다. 포도주와 맥주에 들어있는 효모는 소화 활동의 부산물이 알코올이라 우리가 아는 술이 되고, 빵에는 이산화탄소를 배출해 가스가 나오지만 빵 속의 글루텐 때문에 가스가 갇혀 빵이 부푸는 것이다. 식품에 들어있는 당의 종류에 따라 효모의 작용이 달라지며 효모에 따라 당을 섭취해도 반응하는 방식이 달라진다. 거의 모든 식품에는 당이 들어있어 효모가 작용을 하지만 다른 방해하는 요소나 식품 속 당의 양이 적으면 효모가 활성화하기 어렵다. 고로 원하는 상태를 얻기 위해서는 식품이 효모를 배양하기에 적절한지 정확히 파악해 사용해야 한다.

2-2 | 효모의 특징

효모에는 많은 종류가 있다. 발효에 쓰이는 효모는 보통 출아법으로 번식하는데 번식력이 강한 것이 특징이다.

발효라는 현상이 처음 발견된 것은 인위적인 현상이 아닌 자연적인 현상임을 고려해보면 당연한 말이다. 하지만 효모도 살아있는 생물이기 때문에 먹이가 필요하다. 먹이가 떨어지면 활동이 느려지고 죽기도 한다. 효모 한 가지를 오랫동안 사용하려면 계속 변하는 환경과 계속 바뀌는 먹이보다는 쾌적한 환경과 동일한 먹이의 일정한 지급은 필수 조건이다. 우리가 사용하는 이스트는 넣는 양에 따라 발효가 되는 속도가 다르지만 아주 소량을 넣더라도 알맞은 환경에 둔다면 시간이 오래 걸리더라도 발효가 되는 모습을 확인할 수 있다.

3 천연 발효종의 역사

천연 발효종은 이스트를 넣지 않고 밀가루에 함유된 미생물이 자연 배양되어 발효를 일으켜 발효가 되는 것을 말하며 강한 신맛이 특징이다. 프랑스에서는 르뱅Levain 미국에서는 사워도우Sour dough라고 한다. 이스트가 발명되기 전까진 모든 빵은 당연히 천연 발효종을 사용했다. 밀가루에 물을 넣고 섞으면 밀가루에 존재하는 다양한 자연 효모와 박테리아가 활성화하여 아밀라제가 전분을 자당, 엿당으로 말타아제는 포도당과 과당으로 분해된다. 반복적인 과정을 통해서 발효종은 힘이 세지고 더욱 안정적인 빵을 만들 수 있게 된다. 천연 발효빵의 특징은 신맛을 내고 불규칙한 내상으로 빵을 절단하면 크럼에 크키가 다른 큰 구멍이 있다. 또한 이스트와 화학 팽창제, 제빵 개량제 등을 사용한 빵보다 크럼이 촉촉하며 수분보유력이 좋아 노화가 늦게 진행된다. 천연 발효종은 공장에서 생산하는 이스트보다 장腸에서의 소화와 흡수도 편하다.

3-1 | 천연 발효종의 종류

발효종의 종류는 크게 두 가지로 나뉜다. 르뱅과 르뱅 리퀴르이다. 둘의 차이는 형태의 차이이며 만드는 방법은 크게 다르지 않다. 르뱅은 단단한 되기의 반죽형 발효종이고 리퀴르는 만죽 형태이지만 흐르는 정도의 발효종이다. 발효종은 당분을 가진 모든 과일이 될 수 있고 과일이 없더라도 밀가루와 물만 있으면 천연 발효종을 만들 수 있다. 건포도, 사과, 무화과, 통밀, 호밀 무엇이든 가능하고 종류에 따라 맛과 향이 달라지지만 목적은 동일하게 빵을 발효시키는 것이다. 과일 액종을 사용하여 액종을 만들고 스타터를 만들지만 액종을 주기적으로 만들어 스타터에 넣지 않는다면, 결국 시간이 지나면서 액종의 특유의 향과 단맛은 사라지고 물과 밀가루로만 만든 발효종과 차이가 없어진다. 하지만 과일 액종을 사용한 발효종은 과일의 당분을 이용해 물과 밀가루로 만든 발효종보다 만드는 시간을 단축할 수 있다.

3-2 | 천연 발효종의 특징

천연 발효종의 특징은 맛과 향이다. 미국에서는 천연 발효종을 사워도우Sour dough라고 부른다. 말그대로 신맛이 나는 반죽이라는 뜻이다. 천연 발효종에는 유산균과 아세트산 등의 유기균의 함량이 이스트보다 월등히 많기 때문에 시큼한 맛이 난다. 발효종은 살아있는 미생물이 들어있기 때문에 적절한 환경과 꾸준한 관리가 필요하다. 한번 완성한다고 끝이 아니기 때문에 꾸준히 관심을 가지고 상태를 체크하며 쾌적한 환경을 제공해야 건강한 발효종을 사용할 수 있다.

3-3 | 천연 발효종의 사용법

천연 발효종의 종류, 상태에 따라 사용 방법은 달라진다. 단단한 형태의 발효종의 경우 향이 강하고 적은 양에 많은 균이 들어있기 때문에 사용량이 적어야 하고, 리퀴드 형태의 발효종은 비교적 단단한 반죽보다 사용량이 많아야 한다. 베이커스 퍼센트로 50% 미만 사용을 권장한다. 만들고 싶은 빵의 상태, 맛에 따라 사용량은 달라지지만 너무 과한 사용은 특별한 향과 맛이 아닌 악취를 낼 수 있다. 특별히 넣어야 하는 타이밍이나 지켜야 하는 공정은 없지만 밀봉하지 않고 오래 보관하거나 다른 재료들과 같이 개량한 뒤 바로 믹싱을 하지 않고 시간을 두고 하는 것은 추천하지 않는다. 발효종의 점성이 다른 재료들을 뭉치게 만들 수 있기 때문이다.

4 밀가루

밀가루는 강력, 중력, 박력으로 3가지로 나뉜다. 단백질 함량이 높아야 빵을 만드는 데 적합한 밀가루이다. 단백질이 있어야 단백질이 물을 만나 글루텐을 형성하고 그 글루텐의 탄력으로 가스를 품고 반죽이 부풀기 때문이다. 중력분과 박력분으로 빵을 만들 수는 있다. 하지만 단백질 함량이 낮기 때문에 빵의 볼륨감과 탄력에 확실한 차이가 있다.

4-1 │ **밀의 종류**

강 · 중 · 박력분의 차이는 단백질 함량의 차이이다.
- 강력분 단백질 함량 10~13%
- 중력분 단백질 함량 8~10%
- 박력분 단백질 함량 6~8%

등급별 차이

밀가루는 회분의 함량으로 등급이 나누어진다. 회분 함량이 높을수록 등급의 숫자가 낮고 회분 함량이 낮을수록 등급의 숫자가 높다. 그 이유는 회분은 밀의 껍질 함량을 말하는데 회분 함량이 낮다는 뜻은 밀가루의 껍질이 많이 제거되었다는 뜻이다. 그 말은 밀가루의 양이 줄어든다는 의미로 단순히 밀의 양 대비 회분을 제거했을 때 생산되는 밀의 양이 적어지기 때문에 가격이 더 높아지고 등급을 좋은 등급으로 분류하는 것이다. 등급이 높은 것이 좋고 낮은 것이 안 좋다기보다는 등급별 밀가루로 만들기에 좋은 빵이 있다. 등급이 높은 밀가루는 부드럽고 유지가 들어가는 단과자류의 빵, 등급이 낮은 빵은 입자가 거칠어 밀의 깊은 맛을 낼 수 있는 하드계열의 빵을 만드는 데 적합하다.

4-2 | 나라별 밀가루의 차이

나라별 밀가루의 차이는 확연하다. 우리나라의 지역별로도 쌀의 차이가 있듯이 품종, 나라별 기후, 자연환경에 따라 밀의 상태가 차이 난다. 또한 나라별로 사용하는 밀가루의 용도가 다르고 기본적인 밀가루의 등급, 분류 기준이 다르다. 예를 들어 프랑스의 경우 딱딱한 하드 계열의 빵을 먹는데 하드계열의 빵은 회분 함량이 높은 밀가루를 써야 영양적으로나 맛적으로나 더 좋은 제품을 생산할 수 있다. 하지만 다른 아시아 국가들은 비교적 부드러운 빵이나 면을 먹기 때문에 더욱 쫄깃하고 탄력 있는 밀가루가 필요하므로 회분함량이 낮고 하얀 밀가루를 생산한다.

4-3 | 호밀가루

호밀의 종류와 일반 밀가루의 차이

호밀은 밀가루와 달리 물과 만나면 단백질이 글루텐을 형성하지 못한다. 글루텐은 점착성과 탄력성이 있는데 호밀의 경우 물과 만나면 점착성만 생긴다. 쫄깃하고 부드러운 빵은 글루텐이 잘 형성되어 수분과 가스를 잘 보존해 늘어나야 하는데 호밀은 수분만 잘 보유하고 가스를 보존하지 못해 빵이 부풀지 못하고 무거운 빵이 된다. 호밀의 비율이 높을수록 빵의 크럼이 조밀하고 식감이 고무같이 질긴 식감의 빵이 나온다. 다만 호밀은 밀가루보다 식이섬유소가 많이 함유되어 있어 소화가 잘된다는 특징이 있다.

4-4 | 감자 분말

감자 분말은 감자 전분이 아닌 순수 감자를 건조하여 빻은 가루를 말한다. 감자 분말
에는 실제 감자가 들어있기 때문에 감자 맛이 난다. 밀가루보다 많은 전분이 함유되어
있기 때문에 밀가루보다 많은 전분으로 감자 분말을 반죽에 넣으면 더욱 쫄깃하고 탄
력이 좋은 반죽을 얻을 수 있다. 탄력이 좋아지고 전분이 많이 들어있기 때문에 반죽은
질어지고 기공은 조밀해진다. 반죽에 많이 넣게 될 경우 감자 맛이 강해지기 때문에 함
량의 조절은 필수적이다. 감자 분말이 없다면 생감자를 삶아 사용해도 무방하다. 하지
만 수분의 함량, 감자 분말보다 낮은 전분의 함유량을 계산해 사용해야 한다.

4-5 | 세몰리나

세몰리나는 밀의 한 종류인 듀럼밀을 제분하여 만든 가루로 주로 이탈리아에서 파스
타를 만들때 사용한다. 입자가 굵고 색이 노란 것이 특징이다. 듀럼밀의 듀럼Durum은
라틴어로 딱딱하다는 뜻이다. 말 그대로 많은 밀의 종류 중 딱딱한 밀이다. 일반 밀가
루와 영양분은 비슷한 수준이다. 하지만 제빵에서는 주로 이탈리아 빵인 포카치아 등
의 피자 종류에 사용한다. 빵에 세몰리나를 넣으면 쫄깃하지만 딱딱하고 끊기는 식감
을 준다. 세몰리나는 일반 밀가루와는 다르게 수분 흡수율이 낮아 덧가루로 사용하면
적은 양으로 효율적인 역할을 한다. 하지만 식감에 영향을 주기 때문에 주로 피자를
만들 때 덧가루로 사용한다.

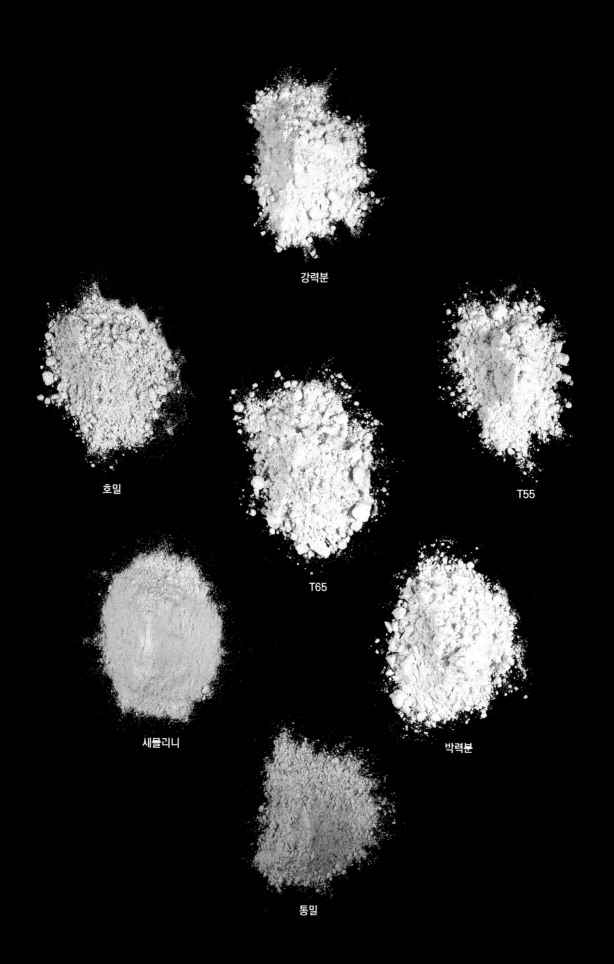

강력분

호밀

T55

T65

세몰리니

박력분

통밀

5 소금

소금은 환자들을 위한 무염빵을 만드는 것이 아니라면 반드시 필요한 베이킹 재료이다. 소금이 들어간 빵과 들어가지 않은 빵은 맛도 차이가 나지만 베이킹 과정에서 확연한 차이가 있다. 소금이 들어가지 않은 빵은 글루텐의 신축성이 떨어지고 신장성만 남아있어 빵이 축 처지고 힘이 없어 가스 보유력이 떨어진다. 가스 보유력이 떨어지면 발효에 시간이 오래 걸리고 오븐스프링이 작아 크기가 작다. 소금은 반죽의 글루텐을 강화 시키며 강화된 글루텐은 빵을 더욱더 탄력 있고 쫄깃하게 만들어준다. 베이킹용 소금을 따로 분류하지는 않는다. 하지만 소금마다 나트륨의 함량이 다르기 때문에 반드시 확인하고 테스트를 한 후 사용해야 한다.

5-1 │ 소금의 종류

짠맛이 나는 하얀 결정체를 소금이라고 한다. 주성분은 염화나트륨, 화학식은 NaCl, 기본적으로 소금은 자연 속 많은 곳에 존재한다. 생명체의 필수 영양분이기 때문이다. 크게 바닷물을 증발시켜 만든 천일염, 땅 속에 결정 상태로 있는 암염이 있다. 이 외에도 소금이 만들어진 곳, 소금의 형태에 따라 정말 많은 종류가 있다. 베이커리에서는 천일염, 정제염을 가장 많이 사용한다. 소금이 빵의 글루텐을 경화시켜 빵 반죽을 용이하게 만드는 역할도 하지만 나트륨은 기본적으로 재료의 맛을 극대화한다.

5-2 │ 소금의 특징

소금은 제빵에서 필수 재료 중 하나로 글루텐을 수축시켜 탄성을 강하게 만드는 역할을 한다. 소금이 들어가지 않은 빵은 탄성이 떨어져 끈적하고 발효와 팽창이 오래 걸리고 반죽의 상태를 확인하기 어려워진다. 반대로 소금이 너무 많이 들어간다면 짠맛이 심해 먹지 못하지만 반죽의 글루텐이 너무 단단해져 발효와 팽창이 오래 걸린다.

5-3 | 소금 사용법

소금은 베이커스 퍼센트로 2%를 사용한다. 소금을 많이 넣으면 먹기 힘든 짠맛이 나고 이스트의 활동을 방해한다.

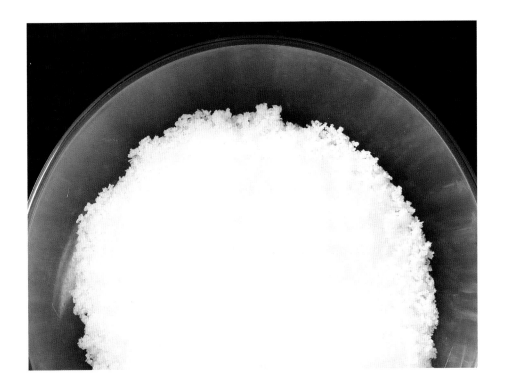

6 설탕

설탕은 단맛을 내고 반죽을 부드럽게 한다. 구운 빵에서는 설탕의 캐러멜화 반응으로 크러스트의 색이 진해지고 빵의 향에 영향을 준다. 크럼은 설탕의 보습력으로 촉촉하고 노화방지 역할을 한다. 하지만 사용량이 많아지면 이스트의 활동을 방해해 팽창에 영향을 주기 때문에 당분이 많이 들어가는 빵은 중종법으로 설탕을 나누어 넣어 단점을 보완한다.

6-1 | 설탕의 종류

설탕은 사탕수수나 사탕무를 정제하여 만든 천연 감미료로 백설탕, 갈색설탕, 흑설탕이 있다. 사탕수수나 사탕무에서 정제한 원당을 정제하고 건조하면 결정이 생기는데 그 결정이 백설탕이다. 갈색설탕, 흑설탕은 백설탕에 캐러멜을 넣고 가열하는 정도에 따라 결정된다. 3가지 종류의 설탕은 맛의 차이가 있을 뿐 영양분에는 큰 차이가 없다. 기본적으로 설탕은 원당을 정제한 식품을 지칭하며 맛과 영양분은 똑같지만 입자의 크기로 분류하기도 한다.

- 백설탕
- 갈색설탕
- 흑설탕
- 원당
- 쌍백당
- 미립당
- 세립당
- 비정제 원당
- 머스커바도

6-2 | 설탕의 특징

설탕은 반죽에 들어가면 이스트의 먹이가 되어 이스트 활동을 활발하게 하고 반죽의 신장성을 좋게 한다.
반죽의 수분 보유력을 높여주며 오븐에 들어가서는 캐러멜 반응을 일으켜 빵의 갈색을 내주며 달콤한 캐러멜 향을 입혀준다.

6-3 | 설탕 사용법

설탕은 최대 15%(베이커스 퍼센트) 사용을 권장한다. 과한 사용은 오히려 이스트의 활동을 방해한다. 또한 캐러멜화를 빨리 일으켜 굽기의 조절이 힘들어진다.

황설탕

흑설탕

7 물

물은 빵에 가장 영향을 많이 미치는 재료라고 생각한다. 물의 온도, 물의 경도에 따라 빵의 상태가 결정되기 때문이다. 우리는 베이킹을 할 때 반죽 온도 조절을 위해 물의 온도를 조절한다. 그 이유는 다른 재료들은 온도 조절이 힘들어 현재 온도를 기준으로 잡는 데 비해서 물은 온도를 쉽게 조절할 수 있기 때문이다. 물의 경도는 각 나라별 자연환경에 따라 다른데, 물은 크게 2가지로 분류한다. 연수(60~120ppm)와 경수로(120~180ppm 이상) 나뉘는데 우리나라는 연수에 해당된다. 물의 경도는 물에 들어있는 미네랄과 칼슘의 함량으로 결정된다. 우리나라에서도 지역별로 차이가 나는데 토양, 화산, 지하수와 같은 자연환경에 따라 미네랄과 칼슘의 함량이 달라지기 때문이다. 경도가 높을수록 빵의 볼륨감과 반죽의 탄력이 좋아지고 경도가 낮을수록 반죽의 볼륨감과 탄력이 낮아진다.

7-1 | 물이 제빵에 미치는 영향

물은 제빵의 필수 재료이다. 밀가루 속의 글리아딘과 글루테닌이 물을 만나 글루텐을 형성하고 글루텐이 믹싱 과정을 통해 발전해 탄력을 주고 가스를 보유하게 만들어 빵을 부풀게 한다. 물은 우리가 만들고 싶은 빵의 상태를 조절하기 가장 좋은 재료이다. 양이 적어지면 반죽이 되직해져서 딱딱하고 퍽퍽한 빵이 나오고, 양이 많아지면 반죽이 질어져 부드럽고 촉촉한 빵이 나온다.

7-2 | 물의 종류

물은 경도에 따라 분류한다. 경도란 물 속에 들어있는 칼슘과 마그네슘의 양을 측정해 나타낸 수치이다. 물은 연수(60ppm 이하), 아연수(60~120ppm), 아경수(120~180ppm), 경수(180ppm 이상)으로 나뉜다.

7-3 | 물 사용법

수율은 빵에서 정말 중요하다. 물의 양이 빵의 상태를 결정한다고 해도 틀린 말이 아니다. 기본적으로 많은 양의 수분이 들어가야 촉촉하고 깊은 맛이 나는 빵이 만들어진다. 하지만 수율이 높으면 작업성이 떨어지고 예쁜 모양을 만들기 어려워진다. 본인이 원하는 맛과 모양에 맞는 수율을 찾는 것이 가장 중요하다.

8 이스트

이스트는 빵을 만들 때 없어서는 안 되는 재료이다. 빵과 과자의 기본적인 분류 방법이 '발효'의 여부인 것처럼 천연 발효종을 사용하는 것이 아니라면 빵에는 무조건 이스트가 들어간다. 이스트에는 다양한 종류가 있으며 작업하는 환경에 따라 이스트를 골라서 사용해야 한다.

8-1 | 이스트의 역사

이스트의 발명은 17세기로 거슬러 올라간다. 네덜란드 출신의 과학자 안토니 판 레벤후크Antonie van Leeuwenhoek가 현미경을 개발하며 미생물의 존재가 세상에 알려지고 시간이 좀 더 흘러 18세기 프랑스 출신의 세균학자 루이스 파스퇴르Louis Pasteur가 효모의 작용을 정확히 파악해 발효의 원리, 발효 식품의 초석을 다진 뒤 시작된다. 그 이후 미국의 플라이쉬만 회사가 설립되고 공장에서 생이스트가 대량으로 생산되기 시작했다. 기본적인 생이스트로 시작해 생이스트의 단점을 보완하기 위해 드라이 이스트, 인스턴트 드라이 이스트가 나오기 시작했다. 냉동기술이 발달하면서 다양한 냉동생지가 나왔다. 온도 변화에 민감한 효모를 냉동상태에서도 살아 남을 수 있게 만든 냉동용 이스트도 나오기 시작했다.

8-2 │ 이스트의 특징 및 종류별 사용법

생이스트

수분함량 : 60~70% / 유통기한 : 2~3주

효모를 배양해 압축한 것으로 500g 단위로 포장되어 나온다.

사용량이 많은 업장에서 사용하고 고당, 저당 구분없이 사용할 수 있으며 냉장, 냉동 베이킹에는 적절하지 않아 당일 반죽해 당일에 굽는 빵에 적합하다.

드라이 이스트

수분함량 : 7~8% / 유통기한 : 개봉 전 2년, 개봉 후 2~3개월

생이스트의 짧은 유통기한을 보완하기 위해 나온 이스트이다.

사용 전 이스트의 5배 정도 되는 양을 미온수에 10분간 불려 이스트를 활성화시킨 후 사용해야 한다.

사용 전 이스트를 물에 불려 써야 하는 번거로움과 빵 배합의 수분함량에 비해 이스트 사용량이 많아 독특한 풍미를 낸다.

세미 드라이 이스트 레드

세미 드라이 이스트 골드

인스턴트 드라이 이스트

수분함량 : 4~5% / 유통기한 : 개봉 전 2년, 개봉 후 2~3개월

인스턴트 드라이 이스트는 레드와 골드로 나뉜다.

인스턴트 드라이 이스트 레드

저당용 이스트로, 설탕 함량이 5% 미만인 반죽에 적합하다.
고율배합의 빵에 사용하면 발효력이 떨어진다.

인스턴트 드라이 이스트 골드

고당용 이스트로 설탕 함량이 5% 이상인 반죽에 적합하다.
저율배합의 빵에 사용해도 무관하다.
레드와 골드 둘 중 하나만 사용해야 한다면 고율배합과
저율배합 둘 다 사용할 수 있는 골드가 적합하다.

9 몰트

몰트는 보리에서 추출한 맥아당 농축 시럽이다. 몰트는 이스트 푸드의 역할을 하는데 이스트 양이 적거나 설탕이 들어가지 않는 하드계열 빵에 주로 넣는다. 몰트 속의 아밀라제는 밀가루의 전분 성질을 이스트의 먹이인 덱스트린과 포도당으로 분해한다. 설탕이 들어가지 않거나 이스트 양이 적은 빵들에 비해 비교적 이스트 먹이가 부족한 빵에 몰트를 넣으면 이스트가 더 빨리 활성화되어 더욱 빠르게 깊은 맛의 빵을 만들 수 있다. 몰트는 자체의 색이 탁해 빵의 색깔에 영향을 준다.

9-1 | 몰트의 역사

몰트는 두 종류가 있다. 액기스와 분말인데, 이 둘의 차이점은 형태의 차이도 있지만 성분의 차이도 있다. 몰트 액기스는 '시럽'이다. 발아한 보리를 끓여 당분을 넣고 끓여서 만든 형태이고, 몰트 분말은 발아한 보리를 빻아 가루의 형태로 만든 것이다. 몰트 액기스는 제조사에 따라 당도와 점성에 차이가 있고, 몰트 분말도 제조사에 따라 제빵 개량제와 같은 성분이 첨가된 제품도 있다. 몰트 액기스는 반죽에 첨가하면 반죽 색에 많은 영향을 주지만 몰트 분말은 액기스만큼 영향을 주지 않는다. 몰트는 기본적으로 빵을 안정적으로 만들기 위한 첨가제로서 필수 재료가 아니기 때문에 베이커스 퍼센트로 1~2% 사용을 권장하며 그 이상의 몰트를 사용하면 이스트의 양을 조절해야 한다. 몰트가 들어가는 배합으로 반죽을 만드는데 몰트가 없다면 다른 배합을 조절할 필요 없이 몰트만 제외하고 배합 그대로 사용하면 된다.

10 유지

유지는 반죽의 글루텐 발전을 도와 반죽의 볼륨을 좋게 하고 빵의 보습력을 높여 노화를 늦추는 효과가 있고 맛을 향상시킨다. 유지의 함량이 높아질수록 반죽은 무거워지고 팽창을 방해하여 발효력은 떨어진다. 또한 크럼은 더욱 조밀해지고 반죽은 온도에 더욱 민감해진다.

10-1 | 유지의 종류

마가린

마가린은 버터의 대용품으로 식물성 지방에 유화제, 향료, 색소 등을 넣고 버터와 똑같은 형태로 만든 식품이다. 흔히 비용적인 이유로 버터 대신 마가린을 사용하는데 맛은 버터를 따라올 수 없다. 버터보다 사용 방법과 보관법이 덜 까다로우며 가격은 버터의 절반 이하이다.

쇼트닝

쇼트닝은 마가린, 버터와 다르게 무색무취의 고체 식물성 유지이다. 빵에 넣으면 마가린, 버터와 동일하게 반죽의 글루텐 발전을 도와 팽창, 보습력에 도움을 주지만 맛과 향에는 영향이 없다.

올리브 오일

올리브 나무에서 나오는 열매를 압착하여 만든 기름으로 압착 횟수, 혼합의 여부에 따라 5가지로 나뉜다. 주로 이탈리아 빵에 쓰이며 향이 강해 적절한 양을 사용하는 것이 중요하다. 올리브 오일도 마찬가지로 유지이기 때문에 빵의 수분 보유력과 탄력에 많은 영향을 준다.

버터

우유의 지방을 분리하여 응고시킨 것을 버터라고 한다. 버터는 가염버터, 무염버터로
나뉘는데 조리용으로는 무염버터를 사용한다. 최근에는 보관, 맛, 가격적인 면을 위해
마가린과 섞인 콤파운드 버터도 많이 사용한다. 버터를 사용할 때에는 꼭 유지방 함량
과 가염버터인지 무염버터인지 확인해야 한다.

11 크림

11-1 | 크림의 종류

생크림

유크림 100%의 크림을 생크림이라고 말한다. 우유의 지방만을 분리해 살균한 제품으로 법적으로 유크림 외의 다른 첨가물이 들어간다면 생크림이라고 부를 수 없다. 생크림은 휘핑크림보다 맛에서는 월등히 뛰어나지만 작업성, 보존성이 떨어지므로 사용하기에 까다롭다.

동물성 휘핑크림

생크림에 식물성 지방과 다른 첨가물을 섞은 크림이다. 작업성과 보존성이 떨어지는 생크림을 보완하기 위해 나온 것으로 맛은 생크림보다 떨어지지만 뛰어난 작업성과 보존성을 자랑한다.

식물성 휘핑크림

식물성 휘핑크림은 동물성 지방이 들어가지 않은 크림이다. 버터와 마가린의 차이라고 생각하면 편하다. 맛은 당연히 떨어지지만 작업성과 보존성은 월등히 뛰어나다.

11-2 | 생크림이 빵에 미치는 영향

생크림은 우유 속의 지방만을 분리한 것이다. 버터와는 다른 식으로 빵의 맛을 향상시키며 적은 양으로도 효율적인 맛을 낼 수 있다. 우유에서 지방을 분리한 것이기 때문에 버터와는 다른 형태의 지방이라고 생각해도 무방하다. 버터와는 다른 좋은 맛을 내며 버터처럼 반죽에 들어가면 반죽의 글루텐을 향상시키고 수분 보유력을 높여준다.

11-3 | 생크림 사용 및 보관 방법

생크림은 반드시 냉장 보관해야 한다. 실온에서는 절대 보관하면 안 되고 만약 휘핑을 할 예정이라면 더욱 냉장 보관해야 한다. 높은 온도에서는 공기 포집력이 떨어져 원활한 휘핑이 어렵고 모양을 유지하지 못한다.

12 분유

12-1 | 분유의 종류

전지분유

전지분유는 우유를 그대로 수분을 날려 분말화한 형태이다.
우유의 지방과 영양분이 그대로 담겨있어 장기간 보관에 적합하지 않다.

탈지분유

탈지분유는 지방을 뺀 우유를 수분을 날려 분말화한 형태이다. 지방이 빠지는 과정에서 다른 영양분도 많이 빠져 추가적인 영양분을 첨가하기도 한다 지방이 없어 장기간 보관에 용이하다

13 달걀

달걀은 제빵에서 주로 고율배합의 빵에 많이 사용된다. 달걀의 노른자에는 레시틴이라는 천연 유화제가 들어있어 유지가 많이 들어가는 고율배합의 빵에 넣으면 물과 유지가 잘 섞이게 도움을 줘서 크림을 부드럽고 촉촉하게 한다.

14

개량제

제빵 개량제는 이스트의 먹이의 역할을 함으로써 이스트의 활성화를 촉진하고, 밀가루에 영양분을 공급해 더 강한 탄력, 신장성과 신축성을 준다. 개량제를 넣으면 발효가 빨라지고 빵 반죽의 글루텐이 강화되어 외부의 영향에도 안정적이게 된다.

14-1 | 개량제의 사용 목적

개량제의 필수 성분은 크게 비타민 C, 탄산칼슘, 유화제, 포도당이다. 개량제를 만드는 제조사마다 추가적인 성분들의 비율과 들어가는 종류는 다르지만 앞서 말한 성분 네 가지는 필수로 들어간다. 이유는 밀은 농작물이기 때문이다. 우리는 지금 손쉽게 밀가루와 쌀을 구할 수 있지만 밀은 농작물로 수확하는 밀마다 상태가 같을 수 없다. 매년 제철 과일의 당도와 상태가 다르고 제철 음식의 맛이 다른것과 같은 이유이다. 매번 변하는 기상 상황과 다른 요인 때문에 개량제를 사용한다. 즉 달라지는 밀의 상태를 최대한 일정한 상태로 만들어 빵을 생산하기 위한 목적이다.

14-2 | 개량제의 사용법

베이커스 퍼센트로 2~3% 사용을 권장한다. 너무 많은 양을 사용한다면 이스트의 활성이 너무 빨라져 발효가 빨리 되고 충분한 시간이 지나지 않고 발효된 빵은 밀의 수화가 제대로 이루어지지 못해 깊은 맛이 나지 않는 빵이 된다.

찹쌀

황설탕

계피

코코아파우더

소금

파르메산

크리미비즈

감자분말

개량제

흑설탕

15 반죽법

제법에는 많은 종류가 있다. 모든 제법은 단시간에 효율적으로 좋은 빵을 얻기 위해 개발되었다. 여기서 유추할 수 있는 것은 좋은 빵을 만들기 위해서는 '시간'이 필요하다는 것이다. 빵은 물과 밀가루가 만나 충분한 시간이 지나야 수화가 이루어지고 발효 중에 발생하는 가스를 잘 보유할 수 있는 힘이 생긴다. 또한 밀가루에 있는 단백질 성분이 물에 녹아야 밀의 진정한 맛이 나올 수 있다. 오랜 시간이 걸려 만드는 빵은 소화가 잘되고 영양분이 몸에 쉽게 흡수된다. 스트레이트법으로 공장제 이스트를 써서 당일에 반죽을 쳐 짧은 시간에 만드는 빵이 나쁜 빵이라는 뜻이 절대 아니라 물과 밀가루가 섞인 채 충분한 시간이 지난 빵이 더 좋다는 뜻이다.

오토리즈 Autolyse 반죽법

오토리즈는 프랑스 제빵사인 레이몬드 칼벨Raymond Calvel이 개발한 제법이다. 저율배합 빵에 꼭 필요한 제법이고 물과 밀가루만을 넣고 저속으로 2~3분 정도 믹싱한 후 최소 30분 정도 휴지하는 제법이다. 휴지하는 동안 물과 밀가루가 수화되며 신장성이 좋아져 글루텐이 발전한다. 따라서 믹싱시간은 짧아지고 반죽의 온도 조절에 용이하다.

폴리시 Polish 반죽법

폴리시는 폴란드에서 처음 만들어진 제법으로 물과 밀가루 1:1 비율에 이스트를 1~2% 넣고 6~8시간 정도 발효시키는 사전반죽 제법이다. 믹싱을 하지 않고 섞기만 하기 때문에 이스트를 25도 이상의 물에서 반드시 풀어 활성화한 뒤 밀가루와 섞어줘야 한다. 폴리시는 물과 밀가루를 1:1의 비율로 사용하기 때문에 반죽이 매우 질고 주르륵 흐르는 형태로 액종법으로 분류한다. 오토리즈와 마찬가지로 밀가루와 물에 반죽을 섞고 휴지시키는 것과 같기 때문에 반죽의 신장성은 좋아지고 이스트의 발효를 이용하기 때문에 천연 발효종, 중종법을 사용한 것과 같은 풍미와 탄력을 얻을 수 있다.

중종반죽 Sponge dough

중종법은 만들 빵의 배합에 50~70% 밀가루에 물과 이스트를 넣고 믹싱하는 사전 반죽 제법이다. 믹싱 후 짧게는 5시간 길게는 2일 정도 발효시키며 발효시킨 반죽에 남은 밀가루와 남은 재료를 넣고 한 번 더 믹싱한다. 발효 시간은 밀가루 사용량에 따라 조절해야 하며 반드시 저온에서 장시간 발효해야 한다. 중종반죽의 발효가 충분히 이루어졌기 때문에 믹싱 시간과 1차 발효시간이 짧게 줄어든다. 버터와 설탕, 우유 등이 들어가는 고율배합의 빵을 더욱 촉촉하고 부드럽게 해준다.

비가 Biga

비가는 이탈리아에서 사용하는 제법으로 제빵에 적합하지 않은 이탈리아의 밀가루를 보완하기 위해 개발된 사전반죽 제법이다. 폴리시와 비슷한 점이 많은 제법으로 둘 다 물과 밀가루, 이스트를 넣고 섞지만 폴리시는 액종과 같이 흐르는 형태, 비가는 단단한 반죽형이다. 밀가루와 물을 1 : 0.4~0.6 정도의 비율로 이스트는 밀가루 양의 1~2% 정도를 넣는다. 발효시간은 최소 6시간 최대 2일 정도까지 해야 한다. 이 과정에서 글루텐이 발전하고 발효종을 사용한 것과 같은 이스트의 향과 밀가루의 풍미가 나타난다. 수율이 낮아 단단한 반죽형인 만큼 본반죽과 믹싱하는 데 시간이 걸리고 그 과정에서 글루텐이 발전해 단단한 식감의 반죽이 완성된다.

저온 숙성법

저온 숙성법은 지켜야 하는 레시피, 비율이 없다. 모든 반죽에 적용할 수 있는 방법으로 사전반죽 없이 사용하는 스트레이트법에도 적용할 수 있다. 앞서 말했듯이 좋은 빵을 만드는 데 필요한 것은 '시간'이다. 반죽을 완성하고 마르지 않게 잘 밀봉한 뒤 3~5도 정도의 냉장고에서 장시간 발효하면 된다. 냉장고의 온도가 3도 이하로 내려가면 이스트, 효소의 활동이 멈추기 때문에 발효가 되지 않는다. 이 과정에서 효소가 활발히 활동하며 빵의 맛, 풍미가 좋아진다. 냉장반죽의 주의할 점은 반죽의 온도가 항상 같아야 한다. 또한 완성된 반죽을 장시간 발효시키는 제법이기 때문에 이스트의 양 조절도 필요하다. 온도 변화가 심한 즉 자주 열고 닫는 냉장고에서는 사용을 피해야 하며 저온 숙성이 끝난 반죽을 사용할 때에는 실온에서 20도 가까이 온도를 올린 후 사용하는 것이 반죽에 좋다.

탕종법

탕종은 크게 풀 탕종과 반죽 탕종으로 나뉜다. 풀 탕종과 반죽 탕종은 형태의 차이도 있지만 만드는 과정이 다르기 때문에 탕종별 결과물의 식감이 다르다. 두 가지 형태의 탕종 모두 뜨거운 물을 이용해 밀가루를 호화시켜 수분을 머금게 한다. 이 과정에서 수분보유력과 탄력이 좋아지면서 노화를 늦추고 쫄깃한 식감의 빵을 얻을 수 있다.

풀 탕종

풀 탕종은 냄비에 물과 밀가루를 섞고 약한 불에 끓인다. 밀가루는 쉽게 타기 때문에 바닥이 타지 않게 잘 긁어주며 끓여야 한다. 끓이다 보면 밀가루가 호화되어 풀처럼 되는데 흐르지 않고 탄력이 생길 때까지 끓인 후 마르지 않게 밀봉하여 식힌 뒤 사용해야 한다. 풀 탕종으로 반죽을 만들 때에는 탕종 자체의 수분보유력이 좋아 믹싱이 잘 되지 않는다. 그렇기 때문에 수분율을 약 10% 정도 올려 반죽을 만들어야 한다.

반죽 탕종

반죽 탕종은 믹싱기를 이용해 만든다. 믹싱볼에 밀가루를 넣고 끓인 물을 부어 섞어준다. 글루텐을 발전시키는 목적이 아니기 때문에 비터로 밀가루가 잘 섞일 때까지 저속으로 믹싱한다. 풀 탕종보다는 단시간에 만들 수 있지만 단시간에 만드는 만큼 밀가루의 호화가 덜 이루어지기 때문에 결과물이 풀 탕종보다는 수분보유력이 떨어지고 식감도 덜 쫄깃하다. 믹싱이 끝난 탕종은 마르지 않게 잘 밀봉하여 식힌 후 사용한다.

16 액종과 발효종 만들기

액종과 발효종을 만드는 것은 어렵지 않다. 하지만 만들고 난 후 액종과 발효종을 건강한 상태로 유지하는 것은 어렵다. 액종은 완성이 되면 발효종을 만들기 위해 사용되지만 그 후 만들어지는 발효종은 적절한 환경과 적절한 양을 때에 맞춰 줘야 하며 '적절함'을 찾기가 어렵다면 매일 같은 양을 사용하고 매일 같은 시간에 매일 같은 양으로 리프레시를 해줘야 하기 때문이다. 그럼에도 우리가 액종과 발효종을 이용해 빵을 만들려는 이유는 건강함과 맛 그리고 정성 때문이 아닐까 생각한다. 과일을 다듬어 물에 담그고 시간이 지나 액종이 완성되면 밀가루와 섞어 발효종을 만든다. 발효종을 만들며 밀가루는 액종과 섞이고 또 새로운 밀가루와 물과 섞이고 이 과정에서 건강함과 맛은 올라가고 정성은 들어간다. 액종과 발효종은 아주 많은 종류가 있다. 액종과 발효종에 필요한 것은 미생물과 당분인데 살균, 멸균 과정을 거치지 않고 산도가 높은 과일만 아니라면 종류에 따라 완성되는 시간과 결과물의 맛에 차이가 있을 뿐 거의 모든 과일과 곡물로 만들 수 있다.

16-1 | 액종

액종은 천연 발효종을 만들기 위한 첫 단계이다. 건과일과 생과일 모두 가능하며 당도가 높은 과일일수록 액종을 만드는 시간은 단축된다. 산도가 높은 레몬 같은 과일은 액종을 만드는 데 적합하지 않다. 액종은 사용할 과일과 물 그리고 설탕을 통에 넣어 과일에 들어있는 균을 활성화시키는 작업이다. 기본적으로 4~5일 걸리며 만드는 환경은 실내온도 25도 에서 28도가 적합하다. 우리가 액종을 만들며 중요하게 생각해야 할 것은 과일의 종류가 아닌 '균'이다. 우리는 과일의 맛을 빵에 내기 위해 액종을 사용하는 것이 아니다. 건강한 균을 얻기 위해 액종을 만드는 것이므로 발효종을 완성해 리프레시 할 때 매번 액종을 넣는 것이 아니라면 과일의 종류는 중요하지 않다.

16-2 | 발효종

발효종은 물과 밀가루만 섞어 보관해도 만들 수 있다. 형태에 따라 뒤흐, 리퀴드로 분류하지만 근본적으로 발효종은 말 그대로 발효가 목적이다. 사용하는 발효종에 따라 빵의 향과 맛에 직접적인 영향을 주기 때문에 본인이 만들고 싶은 빵에 맞게 발효종을 만드는 것이 중요하다. 액종을 사용하면 좀 더 안정적이고 빠르게 발효종을 만들 수 있다. 물과 밀가루만 섞어 처음부터 바로 균을 활성화시키는 방법보다 당분이 많은 과일에서 이미 균을 배양시켜 만들기 때문에 좀 더 안정적이고 빠른 발효종을 얻을 수 있기 때문이다.

● **과일 액종**

기본적으로 당이 있는 과일은 모두 사용할 수 있다.

1   위로 높은 유리병을 준비한 후 속을 뜨거운 물로 소독한다.
2   액종으로 만들 과일을 준비한다.
3   물 200g, 과일 100g, 설탕 5g을 넣고 흔들어 준다.
4   뚜껑을 덮고 실내온도 25~28도를 넘지 않는 곳에 24시간 보관한다.
5   24시간 후 뚜껑을 열어 신선한 공기를 넣어 준 후 다시 24시간 보관한다.(반복 3회)
6   4일차에 과일이 모두 물 위에 떠있다면 체에 걸러 액종으로 스타터를 만든다.

● **요거트 발효종**

1   무가당 플레인 요거트 200g, 강력분 100g, 설탕 10g을 준비한다.
2   소독한 병에 모든 재료를 넣고 섞어준다.
3   병을 밀봉한 뒤 25~28도를 넘지 않는 곳에 24시간 보관한다.
4   24시간마다 뚜껑을 열어 신선한 공기를 넣어 준 후 24시간 보관한다.(반복 3회)
5   4일차에 발효종 윗부분에 물과 반죽이 분리된 층이 생겼다면 스타터를 만든다.

● 호밀 사워종

1 소독한 병에 호밀 100g, 물 100g을 넣고 잘 섞어준다. 25~28도가 넘지 않는 곳에 보관한다.

2 24시간 후 100g을 덜어 낸 다음 호밀 50g, 물 50g을 넣고 잘 섞어준다.(4회 반복)

3 5일차에 벽면에 기포가 보이기 시작한다면 한 번 더 밥을 준 후 6일차 사워종으로 스타터를 만든다.

● 주종

1 생막걸리를 준비한 후 유리병에 옮겨 담는다.

2 시간이 지나면 침전물과 맑은 액체로 나뉘는데 맑은 액체부분과 침전물을 분리한다.

3 맑은 액체는 사용하지 않고 침전물만 사용하므로 침전물을 발효종을 만들 통에 옮겨 담는다.

4 침전물을 담은 통에 꿀 10g, 강력분 150g(막걸리에서 분리한 침전물과 같은 양)을 넣고 잘 섞어준다.

5 25~28도가 넘지 않는 곳에서 6~8시간 보관 후 바로 스타터를 만든다.

17

제빵 기기

데크 오븐deck oven

제과제빵에 가장 많이 쓰이는 오븐이다. 윗불 아랫불 따로 온도 조절이 가능해 모든 제과제빵 제품을 구울 수 있다. 데크오븐은 일반 데크오븐과 유로 데크오븐으로 나뉜다. 둘의 차이는 간단히 성능의 차이이다. 유로 데크오븐은 고온으로 굽는 하드계열의 빵을 위해 만들어진 오븐으로 일반 데크오븐보다 설정 가능한 온도와 내구성이 월등히 뛰어나다.

컨벡션 오븐convection oven

컨벡션 오븐은 속에 장착된 팬이 돌아가 공기의 대류로 빵을 굽는다. 열이 골고루 전달되어 색깔이 골고루 잘 나오는 것이 특징이다. 속의 팬이 돌아가 굽기 때문에 데크오븐보다 수분 손실이 많아 빵을 촉촉하게 굽기가 힘들다. 컨벡션오븐으로는 바삭해야 하는 페이스트리를 굽는 것이 가장 좋다.

버티컬 믹서vertical mixer

버티컬 믹서는 믹싱볼에 훅을 수직으로 장착하여 사용하는 믹서이다. 믹싱볼은 고정되어 있고 훅이 돌며 반죽을 치는 방식이라 어느 정도 수율이 높은 빵 반죽을 치기에 적합하며 훅과 비터, 휘퍼를 장착할 수 있어 빵과 과자를 동시에 만드는 주방에서 많이 사용한다.

스파이럴 믹서spiral mixer

오직 빵만을 위한 기기이다. 스파이럴 믹서는 믹싱볼과 훅이 동시에 회전한다. 반죽의 글루텐 발전이 빠르며 많은 양의 반죽, 수율이 낮은 반죽, 수율이 높은 반죽 모든 반죽에 적합한 기기이다.

발효기proof box

완성된 반죽을 발효시키기 위한 기기이며 온도와 습도를 조절해 반죽에 쾌적한 환경을 만든다.

도우 컨디셔너dough conditional

효율적인 베이킹을 위해 만들어진 기기로 냉동, 해동, 냉장, 발효가 가능한 기기이다. 시스템으로 온도, 습도를 설정하여 본인이 원하는 시간대에 원하는 상태를 맞춰 줄 수 있어 아주 효율적이기 때문에 활용 범위가 아주 넓다.

파이롤러 pie roller

반죽을 일정한 두께로 밀어 펴는 기기이다. 원하는 두께로 조절이 가능하며 페이스트리 반죽에 가장 많이 쓰이지만 일정한 두께를 필요로 하는 작업이라면 어디든 사용할 수 있다.

도우 디바이더 dough divider

반죽을 일정한 크기로 분할하고 둥글리기 해주는 기기이다. 수율이 어느 정도 높아 부드러운 반죽에 사용하는 기기로 주로 생산량이 많은 공장이나 큰 빵집에서 많이 사용한다.

제빵도구

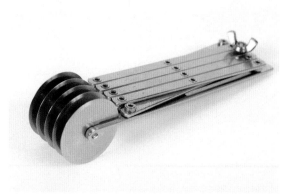

4단 파이커터

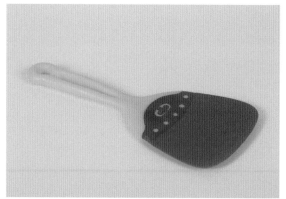

고무주걱

과도

광목천

높은 철판

무스링

믹싱볼

밀대

반느통

분무기

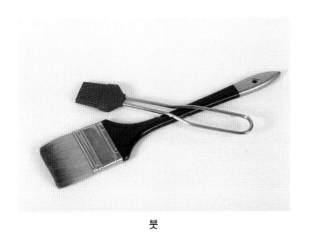

붓

비닐 짤주머니

비커

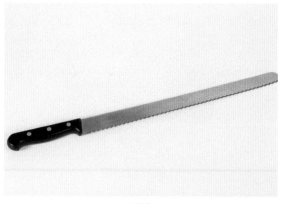

빵칼

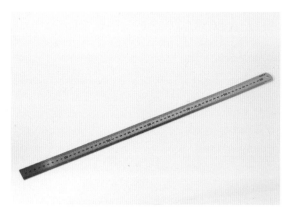

쇠자

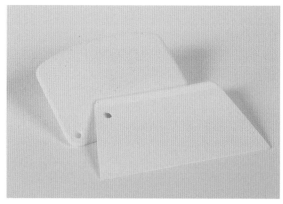

스크레이퍼

식빵 틀

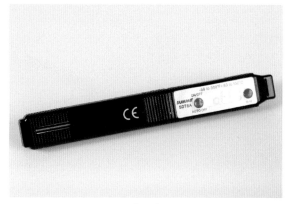

온도계

철 스크레이퍼

쿠프나이프

파이커터

피켓

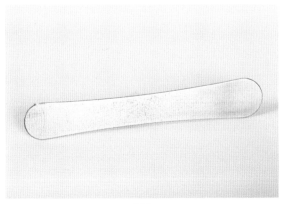

헤라

제빵용어

베어커스 퍼센트 baker's percent

베이커스 퍼센트는 베이커들을 위한 제빵용 퍼센트이다.

재료 배합에서 밀가루를 기준으로 100을 잡고 다른 재료들의 퍼센트를 구한다.

퍼센트의 기준을 밀가루로 사용하는 이유는 제빵에서 가장 양이 많은 재료이기 때문이다.

크러스트

빵을 잘랐을 때 표면의 진한 색 부분, 빵의 껍질을 크러스트라고 한다.

크럼

빵의 크러스트(껍질)를 제외한 속의 하얀 부분을 크럼이라고 한다.

기공

빵 속에 가스가 머물렀던 자리이다. 빵의 단면에 균일하게 있을수록 건강한 빵이라는 증거이다.

언더 베이킹

언더 베이킹은 높은 온도에서 단시간 굽는 베이킹법을 말한다.

수분 손실이 적고 굽는 시간이 짧아 오븐 스프링이 크지 않다.

오버 베이킹

오버 베이킹은 낮은 온도에서 장시간 굽는 베이킹법을 말한다.

수분 손실이 많고 굽는 시간이 길어 오븐 스프링이 크다.

오븐 스프링

발효가 끝난 반죽을 오븐에 넣고 구울 때 반죽 속의 가스가 열을 받아 온도가 올라가면서 급격하게 팽창하는 현상을 뜻한다. 발효가 안 된 반죽은 오븐 스프링이 없으며 과발효된 반죽도 오븐 스프링이 없다.

• **반죽** mixing

픽업 단계 pick up

반죽에 들어가는 물과 모든 재료가 섞이는 단계

클린업 단계 clean up

픽업 단계를 지나 재료가 완전히 섞이면서 믹싱볼에 붙지 않고 깔끔해지는 상태

발전 단계 developement

밀가루와 물이 만나 글루텐이 형성되기 시작하며 점성이 조금 생기는 단계

최종 단계 final

글루텐이 형성되어 반죽에 신장성과 신축성이 고
루 발달해 탄력이 있는 상태

과반죽 단계 let down

글루텐이 과하게 발전해 신축성은 사라지고 신
장성만 생겨 반죽을 늘렸을때 다시 줄어들지 않
는 상태

파괴 단계 break down

글루텐이 과한 믹싱으로 파괴되어 온도가 높아
져 반죽이 찢어지는 단계

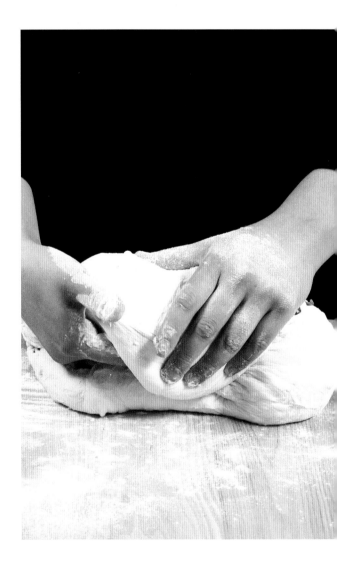

Baguette

바 게 트

저온 숙성 바게트 / 폴리시 바게트 / 오토리즈 바게트 / 앙버터 바게트 / 연유치즈 바게트 / 마늘 바게트
트리플 치즈 바게트 / 파게트

저온 숙성 바게트

Ingrédients

강력	500
T-65	400
호밀	100
사워도우	800
소금	25
물	650
이스트	15

반죽양 : 2490g
수율 : 75%

① 믹싱 1단 1분 - 2단 7분
② 저온 숙성 최소 12시간, 냉장온도 3~5도
③ 분할 300g
④ 벤치타임 최소 15분
⑤ 성형 50cm
⑥ 2차 발효 광목천에서 온도 27도, 습도 80%, 시간 40분
⑦ 굽기 250/250 10분, 불문 열고 220/220 10분

본반죽

1. 재료를 믹싱볼에 넣고 믹싱한다. 1단 1분 ⋯▸ 2단 7분

2. 믹싱이 완료된 반죽은 겉면을 매끄럽게 정리하고 반드시 밀폐하여 최소 12시간 저온 숙성한다.

3. 저온 숙성이 완료된 반죽을 300g으로 분할한다. 분할한 반죽은 성형이 용이하게 타원형으로 만들어 중간 발효(실온)를 20분 정도 한다.

Tip | 저온 숙성한 반죽은 차갑기 때문에 반죽 온도를 반드시 천천히 올려줘야 한다. 발효실에서 중간 발효하지 않고 실온에서 반죽을 천천히 미지근하게 만들어준다.

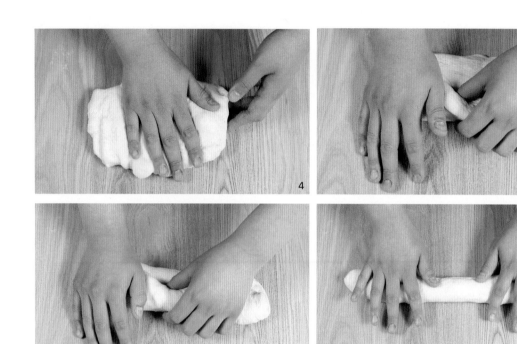

4 성형

❶ 손바닥을 가볍게 반죽을 눌러준다.

❷ 반죽을 살짝 길게 만들며 3번 정도 접어준다.

❸ 3번째 접은 반죽 이음매가 잘 붙었는지 확인하고 이음매가 바닥으로 가게 놓은 후 2차 발효한다.

5 2차 발효 : 성형이 완료된 반죽은 광목천에 덧가루를 가볍게 뿌리고 주름을 잡아 벽을 만들어 준 후 천에 이음매를 바닥으로 올려 발효한다.

　• 온도 : 27도, 습도 : 80%, 시간 : 40분

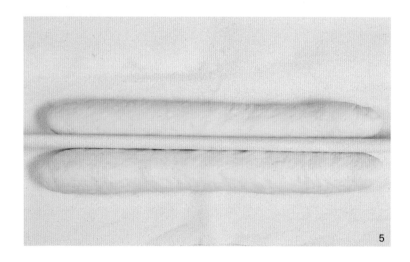

6 2차 발효가 완료된 반죽은 나무판이나 자를 이용해 간격을 충분히 주고 실리콘 페이퍼 위로 옮겨준다.

7 실리콘 페이퍼로 옮긴 바게트는 쿠프에 용이하게 겉면을 건조시킨다.

8 칼집을 4~5개 일정하게 내준다.

9 윗불 250/아랫불 250에서 스팀 후 10분 … 윗불 220/아랫불 220에서 불 문 열고 10분 굽는다.

Baguette

폴리시 바게트

Ingrédients

폴리시

강력	500
물	500
이스트	5

본반죽

T-65	400
호밀	100
소금	25
물	150
이스트	10

반죽양 : 1690g
수율 : 65%

① 폴리시 만들기
② 믹싱 1단 1분 - 2단 7분
③ 1차 발효 온도 27도, 습도 80%, 1시간
④ 분할 300g
⑤ 벤치타임 최소 15분
⑥ 성형 50cm
⑦ 2차 발효 광목천에서 온도 27도, 습도 80%, 시간 40분
⑧ 굽기 250/250 10분, 불문 열고 220/220 10분

폴리시

1　25도 이상 30도 이하의 물에 이스트를 넣고 풀어준다.

2　강력분에 이스트를 섞어준 물을 넣고 가루가 보이지 않을 때까지 주걱으로
　가볍게 섞어준다.

3 마르지 않게 밀폐하여 발효(원하는 발효 방법을 선택)한다.
- 발효실(27도, 습도 80%) : 3시간 실온, 발효 : 5시간,
   냉장 발효 : 12시간

본반죽

1 폴리시와 재료를 믹싱볼에 넣고 믹싱한다. 1단 1분 ⋯ 2단 7분

2 믹싱이 완료된 반죽은 겉면을 매끄럽게 정리하여 1차 발효한다.
- 온도 : 27도, 습도 : 80%, 시간 : 1시간

3 1차 발효가 완료된 반죽을 300g으로 분할한다. 분할한 반죽은 성형이
용이하게 타원형으로 만들어 중간 발효(발효실)를 15분 정도 한다.

Tip | 실내 온도에 따라 실온과 발효실에 시간 차이가 있다.

 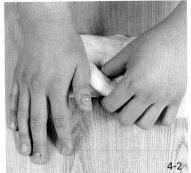 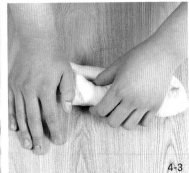

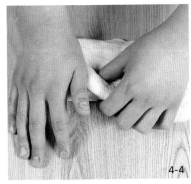 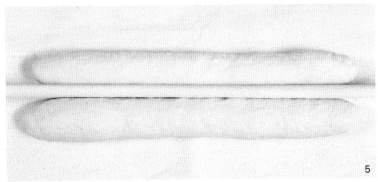

4 성형

❶ 손바닥을 가볍게 반죽을 눌러준다.

❷ 반죽을 살짝 길게 만들며 3번 정도 접어준다.

❸ 3번째 접은 반죽 이음매가 잘 붙었는지 확인하고 이음매가 바닥으로 가게 놓은 후 2차 발효한다.

5 2차 발효 : 성형이 완료된 반죽은 광목천에 덧가루를 가볍게 뿌리고 주름을 잡아 벽을 만들어 준 후 천에 이음매를 바닥으로 올려 발효한다.

　• 온도 : 27도, 습도 : 80%, 시간 : 40분

6 2차 발효가 완료된 반죽은 나무판이나 자를 이용해 간격을 충분히 주고 실리콘 페이퍼 위로 옮겨준다.

7 실리콘 페이퍼로 옮긴 바게트는 쿠프에 용이하게 겉면을 건조시킨다.

8 칼집을 4~5개 일정하게 내준다.

9 윗불 250/아랫불 250에서 스팀 후 10분 ⋯ 불문 열고 윗불 220/아랫불 220에서 10분 굽는다.

오토리즈 바게트

Ingrédients

오토리즈

강력	500
물	500

본반죽

T-65	400
호밀	100
사워도우	800
소금	25
물	150
이스트	15

반죽양 : 2490g
수율 : 75%

① 오토리즈
② 믹싱 1단 1분 - 2단 7분
③ 1차 발효 27도, 습도 80%, 1시간
④ 분할 300g
⑤ 벤치타임 최소 15분
⑥ 성형 50cm
⑦ 2차 발효 광목천에서 온도 27도, 습도 80%, 시간 40분
⑧ 굽기 250/250 10분, 불문 열고 220/220 10분

오토리즈

1 물과 강력분을 믹싱기에 넣고 1단으로 3분간 믹싱 후 마르지 않게 밀폐하여 30분간 실온 혹은 냉장 휴지한다.

2 오토리즈는 수화가 목적이므로 과하지 않게 저속으로 믹싱한다.

본반죽

1 오토리즈와 나머지 재료를 믹싱볼에 넣고 믹싱한다.
   • 1단 1분 ⋯ 2단 7분

2 믹싱이 완료된 반죽은 겉면을 매끄럽게 정리하여 1차 발효한다.
   • 온도 : 27도, 습도 : 80%, 시간 : 1시간

3 1차 발효가 완료된 반죽을 300g으로 분할한다. 분할한 반죽은 성형이 용이
하게 타원형으로 만들어 중간 발효(발효실)를 15분 정도 한다.

Tip | 실내 온도에 따라 실온과 발효실에 시간 차이가 있다.

 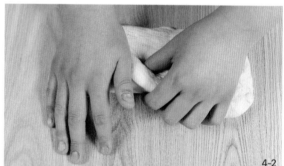

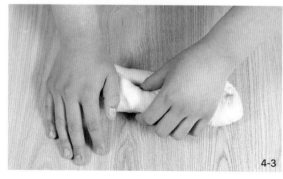 

4 성형

❶ 손바닥을 가볍게 반죽을 눌러준다.

❷ 반죽을 살짝 길게 만들며 3번 정도 접어준다.

❸ 3번째 접은 반죽 이음매가 잘 붙었는지 확인하고 이음매가 바닥으로
가게 놓은 후 2차 발효한다.

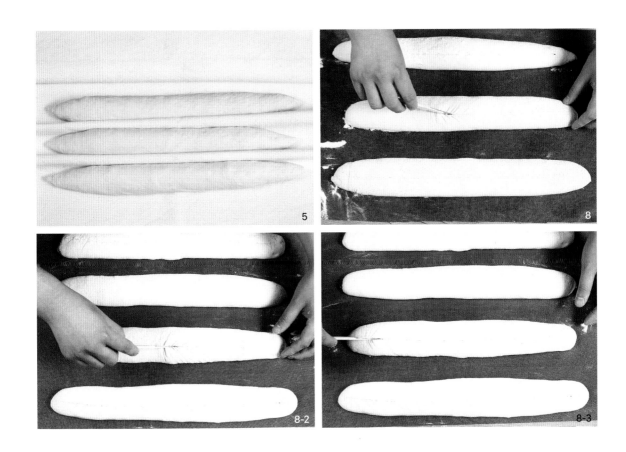

5   2차 발효 : 성형이 완료된 반죽은 광목천에 덧가루를 가볍게 뿌리고 주름을 잡아 벽을 만들어 준 후 천에 이음매를 바닥으로 올려 발효한다.

•온도 : 27도, 습도 80%, 시간 : 50분

6   2차 발효가 완료된 반죽은 나무판이나 자를 이용해 간격을 충분히 주고 실리콘 페이퍼 위로 옮겨준다.

7   실리콘 페이퍼로 옮긴 바게트는 쿠프에 용이하게 겉면을 건조시킨다.

8   칼집을 4~5개 일정하게 내준다.

9   윗불 250/아랫불 250에서 스팀 후 10분 ⋯⋯ 윗불 220/아랫불 220에서 불문 열고 10분 굽는다.

앙버터 바게트

Ingrédients

오토리즈

강력	500
물	500

본반죽

T-65	400
오밀	100
사워도우	800
소금	25
물	150
레드 이스트	15

반죽양 : 2490g
수율 : 75%

① 오토리즈
② 믹싱 1단 1분 - 2단 7분
③ 1차 발효 냉장 발효, 최소 12시간
④ 분할 100g
⑤ 벤치타임 최소 15분
⑥ 성형 15cm
⑦ 2차 발효 광목천에서 온도 27도, 습도 80%, 시간 40분
⑧ 굽기 250/250 10분, 불문 열고 220/220 10분

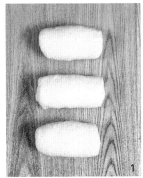

본반죽

원하는 바게트 반죽을 선택한다.

1 100g으로 분할하고 타원형으로 만든 후 중간 발효를 15분 정도 한다.

2 성형

❶ 반죽을 살짝 눌러 직사각형으로 만들어준다.

❷ 일반 바게트를 성형하듯 가볍게 3번 접어준다.

❸ 이음매가 잘 붙었는지 확인하고 이음매가 바닥으로 가게 놓은
후 2차 발효한다.

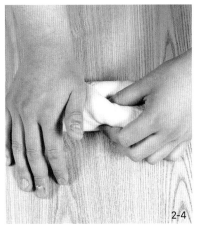

  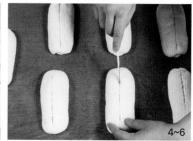

3 2차 발효 : 성형이 완료된 반죽은 광목천에 덧가루를 가볍게 뿌리고 주름을 잡아 벽을 만들어 준 후 천에 이음매를 바닥으로 올려 발효한다.

　• 온도 : 27도, 습도 : 80%, 시간 : 40분

4 2차 발효가 완료된 반죽은 나무판이나 자를 이용해 간격을 충분히 주고 실리콘 페이퍼 위로 옮겨준다.

5 실리콘 페이퍼로 옮긴 바게트는 쿠프에 용이하게 겉면을 건조시킨다.

6 칼집을 일자로 1개 내준다.

7 윗불 250/아랫불 250에서 스팀 후 10분 ···불문 열고 윗불 220/아랫불 220에서 10분 굽는다.

8 바게트가 다 구워지면 뜨거울 때 반으로 잘라 식혀준다.

9 바게트가 다 식으면 바게트 사이에 버터 1조각, 팥 80g을 올려 마무리한다.

연유 치즈 바게트

Ingrédients

오토리즈

강력	500
물	500

본반죽

T-65	400
호밀	100
사워도우	800
소금	25
물	150
레드 이스트	15

충전물

모차렐라, 소금, 연유, 파르메산

반죽양 : 2490g
수율 : 75%

① 오토리즈

② 믹싱 1단 1분 - 2단 7분

③ 1차 발효 냉장 발효, 최소 12시간

④ 분할 150g

⑤ 벤치타임 최소 15분

⑥ 성형 15cm

⑦ 2차 발효 광목천에서 온도 27도, 습도 80%, 시간 40분

⑧ 굽기 250/250 10분, 불문 열고 220/220 10분

⑨ 구워진 바게트 가운데를 파낸 후 치즈, 연유, 소금, 옥수수콘를 넣고 굽는다. 180/180 10분

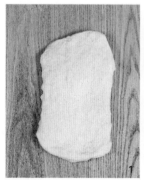

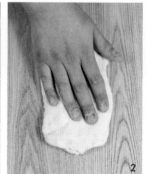

본반죽

원하는 바게트 반죽을 선택한다.

1 100g으로 분할하고 타원형으로 만든 후 중간 발효를 15분 정도 한다.

2 성형

❶ 반죽을 살짝 눌러 직사각형으로 만들어준다.

❷ 일반 바게트를 성형하듯 가볍게 3번 접어준다.

❸ 이음매가 잘 붙었는지 확인하고 이음매가 바닥으로 가게 놓은 후 2차 발효한다.

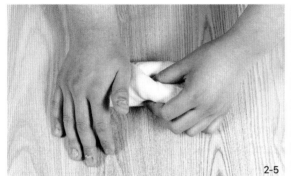 

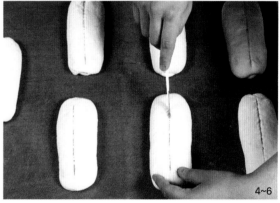

3 2차 발효 : 성형이 완료된 반죽은 광목천에 덧가루를 가볍게 뿌리고 주름을 잡아 벽을 만들어 준 후 천에 이음매를 바닥으로 올려 발효한다.

   • 온도 : 27도, 습도 : 80%, 시간 : 40분

4 2차 발효가 완료된 반죽은 나무판이나 자를 이용해 간격을 충분히 주고 실리콘 페이퍼 위로 옮겨준다.

5 실리콘 페이퍼로 옮긴 바게트는 쿠프에 용이하게 겉면을 건조시킨 후 칼집을 일자로 내준다.

6 윗불 250/아랫불 250에서 스팀 후 10분 ⋯ 불문 열고 윗불 220/아랫불 220에서 10분 굽는다.

7 바게트가 다 구워지면 뜨거울 때 속을 파낸 후 치즈, 연유, 소금, 스위트콘을 넣고 다시 굽는다. 윗불 180/아랫불 180에서 10분 굽는다.

8 구워진 바게트 윗면에 연유, 파르메산 치즈를 뿌려준다.

마늘 바게트

Ingrédients

오토리즈

강력	500
물	500

본반죽

T-65	400
호밀	100
사워도우	800
소금	25
물	150
레드 이스트	15

마늘 버터 크림

버터	500
생크림	160
계란	3ea
마요네즈	130
설탕	250
다진마늘	250
크림치즈	

반죽양 : 2490g
수율 : 75%

① 오토리즈

② 믹싱 1단 1분 - 2단 7분

③ 1차 발효 냉장 발효, 최소 12시간

④ 분할 300g

⑤ 벤치타임 최소 15분

⑥ 성형 15cm

⑦ 2차 발효 광목천에서 온도 27도, 습도 80%, 시간 40분

⑧ 250/250 10분, 불문 열고 220/220 10분

오토리즈

1 물과 강력분을 믹싱기에 넣고 1단으로 3분간 믹싱 후 마르지 않게 밀폐하여 30분간 실온 혹은 냉장 휴지한다.

2 오토리즈는 수화가 목적이므로 과하지 않게 저속 으로 믹싱한다.

본반죽

1 오토리즈와 나머지 재료를 믹싱볼에 넣고 믹싱한 다. 1단 1분 ⋯ 2단 7분

2 믹싱이 완료된 반죽은 겉면을 매끄럽게 정리하여 1차 발효한다.

3 1차 발효가 완료된 반죽을 300g으로 분할한다. 분할한 반죽은 성형이 용이하게 타원
형으로 만들어 중간 발효(발효실)를 15분 정도 한다.

Tip | 실내 온도에 따라 실온과 발효실에 시간 차이가 있다.

4 성형

❶ 반죽을 살짝 눌러 직사각형으로 만들어준다.

❷ 일반 바게트를 성형하듯 가볍게 3번 접어 럭비공 모양으로 만든다.

❸ 이음매가 잘 붙었는지 확인하고 이음매가 바닥으로 가게 놓은 후 2차 발효한다.

5 2차 발효 : 성형이 완료된 반죽은 광목천에 덧가루를 가볍게 뿌리고 주름을 잡아 벽을
만들어 준 후 천에 이음매를 바닥으로 올려 발효한다.

6 2차 발효가 완료된 반죽은 나무판이나 자를 이용해 간격을 충분히 주고 실리콘 페이
퍼 위로 옮겨준다.

• 온도 : 27도, 습도 : 80%, 시간 : 40분

7 실리콘 페이퍼로 옮긴 바게트는 쿠프에 용이하게 겉면을 건조시킨 후 칼집을 대각선
으로 3개 내준다.

8 윗불 250/아랫불 250에서 스팀 후 10분 ⋯ 불문 열고 윗불 220/아랫불 220에서 10
분 굽는다.

9 바게트가 다 구워지면 뜨거울 때 사선으로 질빈 징도 4빈 자른 후 크림치즈를 짜준다.

10 녹인 마늘 버터에 바게트를 담가 소스를 묻혀 팬닝한 후 윗불 180/아랫불 180에서
10분 구워준다.

11 구워진 바게트 윗면에 파슬리를 뿌려준다.

Tip | 마늘 버터 크림은 버터를 완전히 녹인 뒤 모든 재료를 잘 섞어 사용한다.

트리플 치즈 바게트

Ingrédients

오토리즈

강력	500
물	500

본반죽

T-65	400
호밀	100
사워도우	800
소금	25
물	150
레드 이스트	15

충전물

크림소스, 생크림, 굴소스,
파르메산, 체다치즈 소스,
모차렐라

반죽양 : 2490g
수율 : 75%

① 오토리즈
② 믹싱 1단 1분 – 2단 7분
③ 1차 발효 냉장 발효, 최소 12시간
④ 분할 300g
⑤ 벤치타임 최소 15분
⑥ 성형 15cm
⑦ 2차 발효 광목천에서 온도 27도, 습도 80%, 시간 40분
⑧ 굽기 250/250 10분, 불문 열고 220/220 10분

오토리즈

1. 물과 강력분을 믹싱기에 넣고 1단으로 3분간 믹싱 후 마르지 않게 밀폐하여 30분간 실온 혹은 냉장 휴지한다.

2. 오토리즈는 수화가 목적이므로 과하지 않게 저속으로 믹싱한다.

본반죽

1. 오토리즈와 나머지 재료를 믹싱볼에 넣고 믹싱한다. 1단 1분 ⋯ 2단 7분

2. 믹싱이 완료된 반죽은 겉면을 매끄럽게 정리하여 1차 발효한다.

3. 1차 발효가 완료된 반죽을 300g으로 분할한다. 분할한 반죽은 성형이 용이하게 타원형으로 만들어 중간 발효(발효실)를 15분 정도 한다.

Tip | 실내 온도에 따라 실온과 발효실에 시간 차이가 있다.

4 성형

❶ 반죽을 살짝 눌러 직사각형으로 만들어준다.

❷ 일반 바게트를 성형하듯 가볍게 3번 접어준다.

❸ 이음매가 잘 붙었는지 확인하고 이음매가 바닥으로 가게 놓은 후 2차
  발효한다.

5 2차 발효 : 성형이 완료된 반죽은 광목천에 덧가루를 가볍게 뿌리고 주름
  을 잡아 벽을 만들어 준 후 천에 이음매를 바닥으로 올려 발효한다.

6 2차 발효가 완료된 반죽은 나무판이나 자를 이용해 간격을 충분히 주고
  실리콘 페이퍼 위로 옮겨준다.

  • 온도 : 27도, 습도 : 80%, 시간 : 40분

7 실리콘 페이퍼로 옮긴 바게트는 쿠프에 용이하게 겉면을 건조시킨 후 칼
  집을 일자로 내준다.

8 윗불 250/아랫불 250에서 스팀 후 10분 ⋯▶ 불문 열고 윗불 220/아랫불
  220에서 10분 굽는다.

9 바게트가 다 구워지면 뜨거울 때 일정한 간격으로 바게트에 칼집을 내고
  크림소스에 담가 소스를 골고루 묻혀준다.

10 윗면에 체다치즈 소스를 한 줄, 모차렐라 치즈를 뿌려 굽는다.

· 윗불 180/아랫불 180에서 10분

파게트

Ingrédients

오토리즈

강력	500
물	500

본반죽

T-65	400
호밀	100
사워도우	800
소금	25
물	150
레드 이스트	15

충전물

대파, 크림치즈, 소금, 후추

반죽양 : 2490g
수율 : 75%

① 오토리즈
② 믹싱 1단 1분 - 2단 7분
③ 1차 발효 냉장 발효, 최소 12시간
④ 분할 300g
⑤ 벤치타임 최소 15분
⑥ 성형 15cm
⑦ 2차 발효 광목천에서 온도 27도, 습도 80%, 시간 40분
⑧ 굽기 250/250 10분, 불문 열고 220/220 10분

본반죽

원하는 바게트 반죽을 선택한다.

1 구워져 나온 바게트가 뜨거울 때 세로로 절반 정도 잘라 식혀준다.

2 완전히 식은 바게트 속에 크림치즈를 넣어준다.

3 크림치즈 위에 파를 올려준다.

4 윗불 180/아랫불 180에서 10분간 구워준다.

Rye bread

호 밀 빵

호밀빵 / 뱅 드 세이글 / 호박고구마 / 꿀밤고구마 / 호밀 무화과 / 프루트 스틱

호밀빵

Ingrédients

호밀	510
강력	490
소금	15
이스트 레드	5
호밀 사워종	200
물	650
충전물	
건포도 · 크랜베리	180
호두	120

반죽양 : 1985g
수율 : 65%

① 믹싱 1단 1분 – 2단 3분
② 믹싱 완료 후 충전물 혼합
③ 1차 발효 냉장 발효, 최소 12시간
④ 분할 300g
⑤ 벤치타임 최소 15분
⑥ 성형 : 럭비공 모양으로 만들어준다.
⑦ 2차 발효 온도 27도, 습도 80%, 시간 30분
⑧ 굽기 250/250 10분, 불문 열고 220/220 10분

1

1 믹싱볼에 충전물을 제외한 모든 재료를 넣고 믹싱한다.
 • 1단 1분 ⋯ 2단 3분 ⋯ 충전물 투입 후 1단

2 믹싱이 완료된 반죽은 겉면을 매끄럽게 정리하여 1차 발효한다.
 • 온도 : 27도, 습도 : 80%, 시간 : 1시간

3 1차 발효가 완료된 반죽을 300g으로 분할한다. 분할한 반죽은 성형이
 용이하게 타원형으로 만들어 중간 발효(발효실)를 15분 정도 한다.

Tip| 실내 온도에 따라 실온 발효와 발효실 발효에 시간 차이가 있다.

4 성형

반죽을 직사각형으로 만들어 럭비공 모양이 되도록 접어준다.

5 2차 발효 : 성형이 완료된 반죽은 실리콘 페이퍼 위로 옮겨 발효한다.

　• 온도 : 27도, 습도 : 80%, 시간 : 40분

6 윗면에 덧가루를 뿌린 후 사선으로 칼집 3개, 반대로 돌려 칼집을 3개 내준다.

7 윗불 250/아랫불 250에서 스팀 후 10분 ⋯ 불문 열고 윗불 220/아랫불 220에서 10분 굽는다.

뱅 드 세이글

Ingrédients

호밀	510
강력	490
소금	10
이스트 레드	5
호밀 사워종	200
물	650

반죽양 : 1685g
수율 : 65%

① 믹싱 1단 1분 – 2단 3분
② 1차 발효 냉장 발효, 최소 12시간
③ 분할 300g
④ 벤치타임 최소 15분
⑤ 성형 : 동그랗게 둥글리기
⑥ 2차 발효 온도 27도, 습도 80%, 시간 50분
⑦ 굽기 250/250 10분, 불문 열고 220/220 10분

1 모든 재료를 넣고 믹싱한다. 1단 1분 ⋯▸ 2단 3분

2 믹싱이 완료된 반죽은 겉면을 매끄럽게 정리하여 1차 발효한다.
  • 온도 : 27도, 습도 : 80%, 시간 : 1시간

3 1차 발효가 완료된 반죽을 300g으로 분할한다. 분할한 반죽은 성형이 용이
  하게 원형으로 만들어 중간 발효(발효실)를 15분 정도 한다.

Tip| 실내 온도에 따라 실온 발효와 발효실 발효에 시간 차이가 있다.

4   **성형**

   ❶ 손바닥을 가볍게 반죽을 눌러 가스를 빼준 뒤 원형으로 둥글리기 한다.

   ❷ 바닥 이음매를 잘 집어준 후 밀가루를 뿌린 원형 발효 바구니에 이음매
     가 위쪽으로 오게 넣어준다.

5   2차 발효 : 발효실에 습도가 너무 높다면 윗면에 광목천을 올려준다.
   • 온도 : 27도, 습도 : 70%, 시간 : 50분

 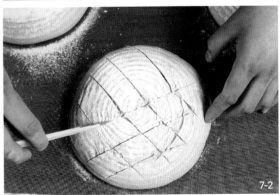

6 2차 발효가 완료된 반죽은 실리콘 페이퍼 위에 발효바구니를 뒤집어 반죽을 빼준다. 윗면에 덧가루를 체쳐 뿌린 후 손으로 살짝 덧가루를 발라준다.

7 대각선으로 칼집을 3~4번 일정한 간격으로 내고 반대로 돌려 칼집을 3~4번 일정한 간격으로 내준다.

8 윗불 250/아랫불 250에서 10분, 불문 열고 윗불 220/아랫불 220에서 10분 굽는다.

호박고구마

Ingrédients

호밀	510
강력	490
소금	15
이스트 레드	5
호밀 사워종	200
물	650

충전물

호두	300
밤	45ea(반죽당 3ea)
고구마	750(반죽당 50g)
꿀	

반죽양 : 1985g
수율 : 65%

① 믹싱 1단 1분 − 2단 3분
② 믹싱 완료 후 충전물 혼합
③ 1차 발효 냉장 발효, 최소 12시간
④ 분할 140g
⑤ 벤치타임 최소 15분
⑥ 성형 : 밀대로 반죽을 넓게 밀어 편 후 단호박, 크림
　치즈, 고구마를 올려 반죽을 감싸준다.
⑦ 2차 발효 광목천에서 온도 27도, 습도 80%, 시간 40분
⑧ 굽기 250/250 10분, 불문 열고 220/220 10분

1 믹싱볼에 충전물을 제외한 모든 재료를 넣고 믹싱한다.

· 1단 1분 ⋯ 2단 3분 ⋯ 충전물 호두 투입 후 1단

2 믹싱이 완료된 반죽은 겉면을 매끄럽게 정리하여 1차 발효한다.

· 온도 : 27도, 습도 : 80%, 시간 : 1시간

2

3 1차 발효가 완료된 반죽을 140g으로 분할한다. 분할한 반죽은 성형이 용이
하게 타원형으로 만들어 중간 발효(발효실)를 15분 정도 한다.

Tip| 실내 온도에 따라 실온 발효와 발효실 발효에 시간 차이가 있다.

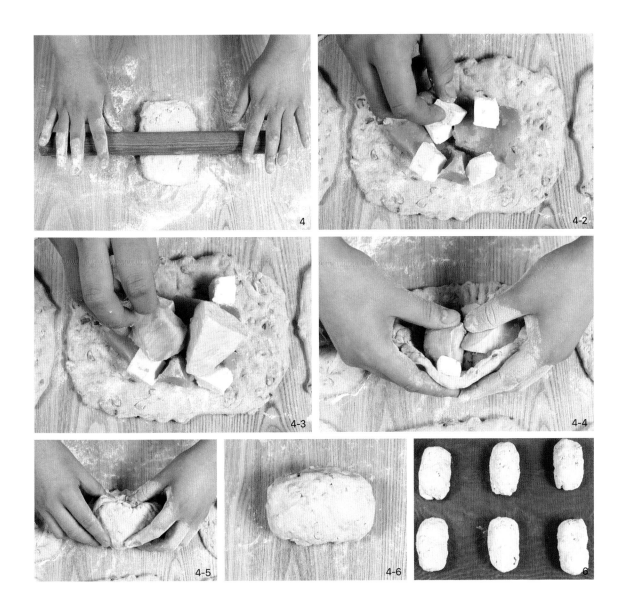

4 성형

　❶ 밀대로 반죽을 직사각형 모양으로 밀어 펴 준다.

　❷ 반죽 위에 단호박, 크림치즈, 고구마 순서로 가운데에 올린다.

　❸ 속재료를 감싸듯이 반죽의 이음매를 잘 집어준다.

5 2차 발효 : 성형이 완료된 반죽은 광목천으로 주름을 잡아 벽을 만들어 준 후 발효실에 넣고 발효한다.

　• 온도 : 27도, 습도 : 80%, 시간 : 40분

6 2차 발효가 완료된 반죽은 실리콘 페이퍼로 옮긴다.

7 대각선으로 속재료가 보일 정도로 칼집을 3개 내준다.

8 윗불 250/아랫불 250에서 스팀 후 10분 ⋯ 불문 열고 윗불 220/아랫불 220에서 10분 굽는다.

꿀밤고구마

Ingrédients

호밀	510
강력	490
소금	15
이스트 레드	5
호밀 사워종	200
물	650

충전물

호두	300
밤	45ea(반죽당 3ea)
고구마	750(반죽당 50g)
꿀	

반죽양 : 1985g
수율 : 65%

① 믹싱 1단 1분 - 2단 3분
② 믹싱 완료 후 충전물 혼합
③ 1차 발효 냉장 발효, 최소 12시간
④ 분할 140g
⑤ 벤치타임 최소 15분
⑥ 성형 : 밀대로 반죽을 넓게 밀어 편 후 고구마·밤을 올려 반죽을 감싸준다.
⑦ 2차 발효 광목천에서 온도 27도, 습도 80%, 시간 40분
⑧ 250/250 10분, 불문 열고 220/220 10분

1 믹싱볼에 충전물을 제외한 모든 재료를 넣고 믹싱한다.
　• 1단 1분 ⋯ 2단 3분 ⋯ 충전물 호두 투입 후 1단

2 믹싱이 완료된 반죽은 겉면을 매끄럽게 정리하여 1차 발효한다.
　• 온도 : 27도, 습도 : 80%, 시간 : 1시간

3 1차 발효가 완료된 반죽을 140g으로 분할한다. 분할한 반죽은 성형이 용이
　하게 타원형으로 만들어 중간 발효(발효실)를 15분 정도 한다.

Tip 실내 온도에 따라 실온 발효와 발효실 발효에 시간 차이가 있다.

4 성형

❶ 밀대로 반죽을 직사각형 모양으로 밀어 펴 준다.

❷ 반죽 위에 고구마와 밤을 가운데에 올린다.

❸ 속재료를 감싸듯이 반죽의 이음매를 잘 집어준다.

5 2차 발효 : 성형이 완료된 반죽은 광목천으로 주름을 잡아 벽을 만
들어 준 후 발효실에 넣고 발효한다.
• 온도 : 27도, 습도 : 80%, 시간 : 40분

6 2차 발효가 완료된 반죽은 실리콘 페이퍼로 옮긴다.

7 대각선으로 속재료가 보일 정도로 칼집을 3개 내준다.

8 윗불 250/아랫불 250에서 스팀 후 10분 … 불문 열고 윗불 220/아랫
불 220에서 10분 굽는다.

호밀 무화과

Ingrédients

호밀	510
강력	490
소금	15
이스트 레드	5
호밀 사워종	200
물	650

충전물

건포도 · 크랜베리	180
호두	120
반건조 무화과	36ea

반죽양 : 1985g
수율 : 65%

① 믹싱 1단 1분 – 2단 3분
② 믹싱 완료 후 충전물 혼합
③ 1차 발효 온도 27도, 습도 80%, 시간 1시간
④ 분할 180g
⑤ 벤지타임 최소 15분
⑥ 성형 : 눌러 편 후 무화과 6조각을 감싸듯 넣어준다.
⑦ 2차 발효 광목천에서 온도 27도, 습도 80%, 시간 40분
⑧ 굽기 250/250 10분, 불문 열고 220/220 10분

무화과 전처리

1 반건조 무화과를 미지근한 물에 깨끗이 씻어준다.

2 물기를 제거한 후 냄비에 옮겨담고 설탕을 300g, 와인을 500ml 넣고 약불로 15분 끓인다.

3 전처리가 끝난 무화과는 완전히 식힌 후 꼭지를 제거하고 반으로 잘라준다.

본반죽

1 믹싱볼에 충전물을 제외한 모든 재료를 넣고 믹싱한다.
   • 1단 1분 ⋯ 2단 3분 ⋯ 충전물 투입 후 1단

2 믹싱이 완료된 반죽은 겉면을 매끄럽게 정리하여 1차 발효한다.
   • 온도 : 27두, 습두 : 80%, 시가 : 1시간

3 1차 발효가 완료된 반죽을 180g으로 분할한다. 분할한 반죽은 성형이 용이하게 타원형으로 만들어 중간 발효(발효실)를 15분 정도 한다.

Tip 실내 온도에 따라 실온 발효와 발효실 발효에 시간 차이가 있다.

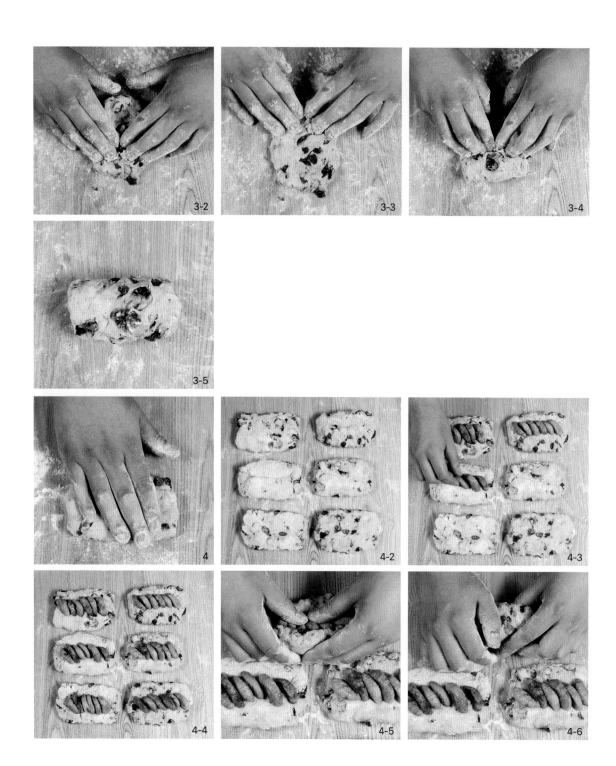

4 성형

❶ 손바닥을 가볍게 반죽을 눌러 직사각형으로 만들어 준다.

❷ 반죽에 손질한 무화과의 단면이 바닥으로 가게 6조각을 놓는다.

❸ 무화과를 감싸듯이 성형한 후 이음매를 잘 집어준다.

5 2차 발효 : 성형이 완료된 반죽은 광복전으로 수름을 잡아 벽을
만들어 준 후 발효실에 넣고 발효한다.
  • 온도 : 27도, 습도 : 80%, 시간 : 40분

6 2차 발효가 완료된 반죽은 실리콘 페이퍼 위에 올려 무화과가
보일 정도로 칼집을 일자로 내준다.

7 윗불 250/아랫불 250에서 스팀 후 10분 ┄ 불문 열고 윗불
220/아랫불 220에서 10분 굽는다.

프루트 스틱

Ingrédients

호밀	510
강력	490
소금	15
이스트 레드	5
호밀 사워종	200
물	650
충전물	
건포도 · 크랜베리	180
호두	120

반죽양 : 1985g
수율 : 65%

① 믹싱 1단 1분 – 2단 3분
② 믹싱 완료 후 충전물 혼합
③ 1차 발효 온도 27도, 습도 80%, 시간 1시간
④ 분할 80g
⑤ 벤치니밍 최소 15분
⑥ 성형 : 20cm로 밀어준다.
⑦ 2차 발효 최소 온도 27도, 습도 80%, 시간 30분
⑧ 굽기 250/250 10분, 불문 열고 220/220 10분

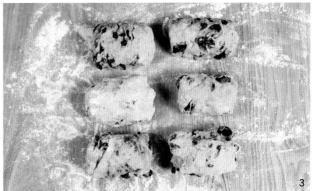

1 믹싱볼에 충선물을 세외한 모든 재료를 넣고 믹싱힌다.
   • 1단 1분 ⋯ 2단 3분 ⋯ 충전물 투입 후 1단

2 믹싱이 완료된 반죽은 겉면을 매끄럽게 정리하여 1차 발효한다.
   • 온도 : 27도, 습도 : 80%, 시간 : 1시간

3 1차 발효가 완료된 반죽을 80g으로 분할한다. 분할한 반죽은 성형이 용이
   하게 타원형으로 만들어 중간 발효(발효실)를 15분 정도 한다.

Tip 실내 온도에 따라 실온 발효와 발효실 발효에 시간 차이가 있다.

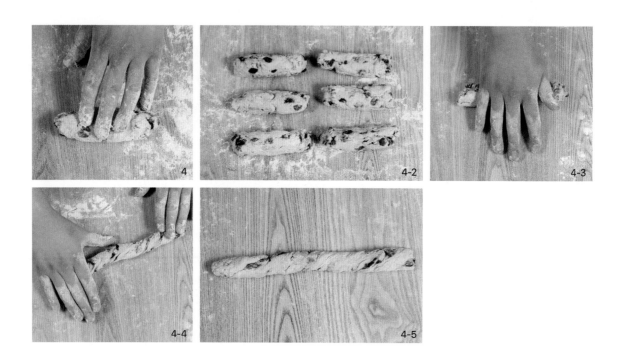

4 성형

일정한 두께로 20cm가 되도록 밀어준다.

5 2차 발효 : 성형이 완료된 반죽은 실리콘 페이퍼 위로 옮겨 발효한다.

　• 온도 : 27도, 습도 : 80%, 시간 : 40분

6 윗불 250/아랫불 250에서 스팀 후 10분 ··· 불문 열고 윗불 220/아랫불 220

　에서 10분 굽는다.

건포도 전처리

무화과 전처리

Whole wheat bread

통 밀 빵

통밀 바게트(오토리즈) / 통밀 루스틱 / 통밀 캉파뉴 / 통밀 오트밀 캉파뉴
통밀 무화과 캉파뉴 / 통밀 호두 캉파뉴

통밀 바게트

Ingrédients

강력	500
물	500
본반죽	
T-65	300
통밀	200
사워도우	800
소금	25
물	150

반죽양 : 2475g
수율 : 70%

① 오토리즈
② 믹싱 1단 1분 – 2단 7분
③ 1차 발효 온도 27도, 습도 80%, 시간 1시간
④ 분할 300g
⑤ 벤치타임 최소 15분
⑥ 성형 50cm
⑦ 2차 발효 광목천에서 온도 27도, 습도 80%, 시간 40분
⑧ 굽기 250/250 10분, 불문 열고 220/220 10분

오토리즈

1 물과 강력분을 믹싱기에 넣고 1단으로 3분간 믹싱 후 마르지 않게 밀폐하여 30분간 실온 혹은 냉장 휴지한다.

2 오토리즈는 수화가 목적이므로 과하지 않게 저속으로 믹싱한다.

본반죽

1 오토리즈와 나머지 재료를 믹싱볼에 넣고 믹싱한다. 1단 1분 ⋯ 2단 7분

2 믹싱이 완료된 반죽은 겉면을 매끄럽게 정리하여 1차 발효한다.

· 온도 : 27도, 습도 : 80%, 시간 : 1시간

3 1차 발효가 완료된 반죽을 300g으로 분할한다. 분할한 반죽은 성형이 용이하게 타원형으로 만들어 중간 발효(발효실)를 15분 정도 한다.

Tip │ 실내 온도에 따라 실온 발효와 발효실 발효에 시간 차이가 있다.

4 성형

❶ 손바닥을 가볍게 반죽을 눌러준다.

❷ 반죽을 살짝 길게 만들며 3번 정도 접어준다.

❸ 3번째 접은 반죽 이음매가 잘 붙었는지 확인하고 이음매가 바닥으로 가
게 놓은 후 2차 발효한다.

5 2차 발효 : 성형이 완료된 반죽은 광목천에 덧가루를 가볍게 뿌리고 주름
을 잡아 벽을 만들어 준 후 천에 이음매를 바닥으로 올려 발효한다.

　• 온도 : 27도, 습도 : 80%, 시간 : 40분

6 2차 발효가 완료된 반죽은 나무판이나 자를 이용해 간격을 충분히 주고 실
리콘 페이퍼 위로 옮겨준다.

7 실리콘 페이퍼로 옮긴 바게트는 쿠프에 용이하게 겉면을 건조시킨다.

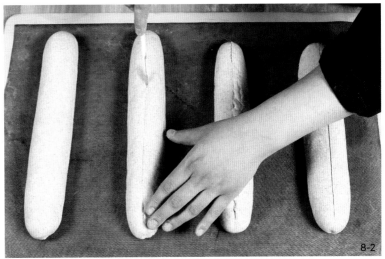

8 칼집을 4~5개 일정하게 내준다.

9 윗불 250/아랫불 250에서 스팀 후 10분 ⋯→ 불문 열고 윗불 220/아랫불
220에서 10분 굽는다.

119

통밀 루스틱

Ingrédients

오토리즈

강력	500
물	500

본반죽

T-65	300
통밀	200
사워도우	800
소금	25
물	150

반죽양 : 2475g
수율 : 70%

① 오토리즈

② 믹싱 1단 1분 - 2단 7분

③ 1차 발효 온도 27도, 습도 80%, 시간 1시간

④ 분할 200g

⑤ 싱형 8cm × 15cm

⑥ 2차 발효 광목천에서 온도 27도, 습도 80%, 시간 40분

⑦ 굽기 250/250 10분, 불문 열고 220/220 10분

오토리즈

1 물과 강력분을 믹싱기에 넣고 1단으로 3분간 믹싱 후 마르지 않게 밀폐하여 30분간 실온 혹은 냉장 휴지한다.

2 오토리즈는 수화가 목적이므로 과하지 않게 저속으로 믹싱한다.

본반죽

1 오토리즈와 나머지 재료를 믹싱볼에 넣고 믹싱한다. 1단 1분 … 2단 7분

2 믹싱이 완료된 반죽은 겉면을 매끄럽게 정리하여 1차 발효한다.

  • 온도 : 27도, 습도 : 80%, 시간 : 1시간

3 1차 발효가 완료된 반죽을 손바닥으로 살짝 누르며 직사각형으로 만들어준다.

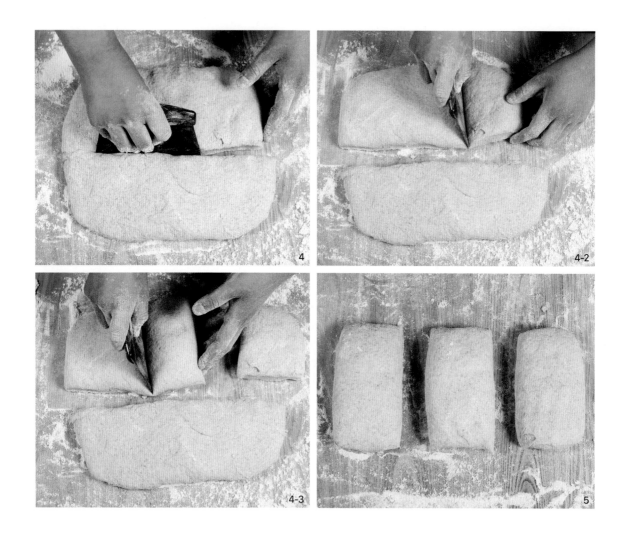

4 성형

8cm×15cm 크기로 반듯하게 재단한다.

5 2차 발효 : 성형이 완료된 반죽은 광목천에 덧가루를 가볍게 뿌리고 주름을
잡아 벽을 만들어 준 후 천에 이음매를 바닥으로 올려 발효한다.

• 온도 : 27도, 습도 : 80%, 시간 : 40분

6 2차 발효가 완료된 반죽은 나무판이나 자를 이용해 간격을 충분히 주고 실리콘 페이퍼 위로 옮겨준다.

7 실리콘 페이퍼로 옮긴 루스틱을 쿠프에 용이하게 겉면을 건조시킨다.

8 칼집을 X자로 크게 내준다.

9 윗불 250/아랫불 250에서 스팀 후 10분 ⋯ 불문 열고 윗불 220/아랫불 220에서 10분 굽는다.

통밀 캉파뉴

Ingrédients

오토리즈

강력	500
물	500

본반죽

T-65	300
통밀	200
사워도우	800
소금	25
물	150

반죽양 : 2475g
수율 : 70%

① 오토리즈
② 믹싱 1단 1분 - 2단 7분
③ 1차 발효 온도 27도, 습도 80%, 시간 1시간
④ 분할 300g
⑤ 벤치타임 최소 15분
⑥ 성형 럭비공 모양
⑦ 2차 발효 광목천에서 온도 27도, 습도 80%, 시간 40분
⑧ 굽기 250/250 10분, 불문 열고 220/220 10분

오토리즈

1 물과 강력분을 믹싱기에 넣고 1단으로 3분간 믹싱 후 마르지 않게 밀폐하여 30분간 실온 혹은 냉장 휴지한다.

2 오토리즈는 수화가 목적이므로 과하지 않게 저속으로 믹싱한다.

본반죽

1 오토리즈와 나머지 재료를 믹싱볼에 넣고 믹싱한다.
   • 1단 1분 ··· 2단 7분

2 믹싱이 완료된 반죽은 겉면을 매끄럽게 정리하여 1차 발효한다.
   • 온도 : 27도, 습도 : 80%, 시간 : 1시간

3 1차 발효가 완료된 반죽을 300g으로 분할한다. 분할한 반죽은 성형이 용이하게 나원형으로 만들어 중간 발효(발효실)를 15분 정도 한다.

Tip 실내 온도에 따라 실온과 발효실에 시간 차이가 있다.

4　성형

❶ 손바닥을 가볍게 반죽을 눌러준다.

❷ 반죽을 럭비공 모양이 되도록 3번 정도 접어준다.

❸ 3번째 접은 반죽 이음매가 잘 붙었는지 확인하고 이음매가 바닥으로 가게 놓은 후 2차 발효한다.

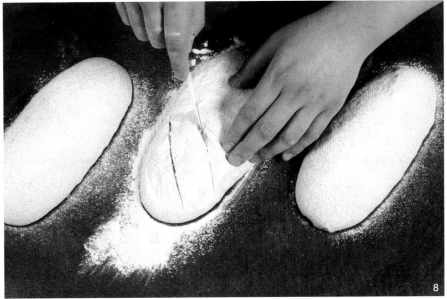

5 2차 발효 : 성형이 완료된 반죽은 광목천에 덧가루를 가볍게 뿌리고 주름을 잡아 벽을 만들어 준 후 천에 이음매를 바닥으로 올려 발효한다.

• 온도 : 27도, 습도 : 80%, 시간 : 40분

6 2차 발효가 완료된 반죽은 나무판이나 자를 이용해 간격을 충분히 주고 실리콘 페이퍼 위로 옮겨준다.

7 실리콘 페이퍼로 옮긴 캉파뉴는 쿠프에 용이하게 겉면을 건조시킨다.

8 칼집을 사선으로 4~5개 일정하게 내준다.

9 윗불 250/아랫불 250에서 스팀 후 10분 ⋯ 불문 열고 윗불 220/아랫불 220에서 10분 굽는다.

통밀 오트밀 캉파뉴

Ingrédients

오토리즈

강력	500
물	500

본반죽

T-65	300
통밀	200
사워도우	800
소금	25
물	150

반죽양 : 2475g
수율 : 70%

① 오토리즈
② 믹싱 1단 1분 – 2단 7분
③ 1차 발효 온도 27도, 습도 80%, 시간 1시간
④ 분할 300g
⑤ 벤치타임 최소 15분
⑥ 성형 50cm
⑦ 2차 발효 광목천에서 온도 27도, 습도 80%, 시간 40분
⑧ 굽기 250/250 10분, 불문 열고 220/220 10분

오토리즈

1 물과 강력분을 믹싱기에 넣고 1단으로 3분간 믹싱 후 마르지 않게 밀폐하여 30분간 실온 혹은 냉장 휴지한다.

2 오토리즈는 수화가 목적이므로 과하지 않게 저속으로 믹싱한다.

본반죽

1 오토리즈와 나머지 재료를 믹싱볼에 넣고 믹싱한다. 1단 1분 ··➛ 2단 7분

2 믹싱이 완료된 반죽은 겉면을 매끄럽게 정리하여 1차 발효한다.

  • 온도 : 27도, 습도 : 80%, 시간 : 1시간

3 1차 발효가 완료된 반죽을 300g으로 분할한다. 분할한 반죽은 성형이 용이하게 타원형으로 만들어 중간 발효(발효실)를 15분 정도 한다.

Tip| 실내 온도에 따라 실온 발효와 발효실 발효에 시간 차이가 있다.

4 성형

❶ 손바닥을 가볍게 반죽을 눌러준다.

❷ 반죽을 살짝 길게 만들며 3번 정도 타원형으로 접어준다.

❸ 3번째 접은 반죽 이음매가 잘 붙었는지 확인하고 이음매가 바닥으로 가
게 놓은 후 2차 발효한다.

5 2차 발효 : 성형이 완료된 반죽은 광목천에 덧가루를 가볍게 뿌리고 주름을
잡아 벽을 만들어 준 후 천에 이음매를 바닥으로 올려 발효한다.
  • 온도 : 27도, 습도 : 80%, 시간 : 40분

6 2차 발효가 완료된 반죽은 겉면에 물을 묻혀 오트밀에 굴려 오트밀을 묻히
고 실리콘 페이퍼 위로 옮겨준다.

7 실리콘 페이퍼로 옮긴 바게트는 쿠프에 용이하게 겉면을 건조시킨다.

8   칼집을 옆면에 1개 내준다.

9   윗불 250/아랫불 250에서 스팀 후 10분 ⋯ 불문 열고 윗불 220/아랫불
    220에서 10분 굽는다.

통밀 무화과 캄파뉴

Ingrédients

오토리즈

강력	500
물	500

본반죽

T-65	300
통밀	200
사워도우	800
소금	25
물	150
크림치즈 다이스	300
무화과 다이스	300

반죽양 : 2475g
수율 : 70%

① 오토리즈
② 믹싱 1단 1분 – 2단 7분
③ 1차 발효 온도 27도, 습도 80%, 시간 1시간
④ 분할 300g
⑤ 벤치타임 쇠소 16분
⑥ 성형
⑦ 2차 발효 광목천에서 온도 27도, 습도 80%, 시간 40분
⑧ 굽기 250/250 10분, 불문 열고 220/220 10분

오토리즈

1 물과 강력분을 믹싱기에 넣고 1단으로 3분간 믹싱 후 마르지 않게 밀폐하여 30분간 실온 혹은 냉장 휴지한다.

2 오토리즈는 수화가 목적이므로 과하지 않게 저속으로 믹싱한다.

본반죽

1 오토리즈와 나머지 재료를 믹싱볼에 넣고 믹싱한다. 1단 1분 ⋯ 2단 7분

2 믹싱이 완료된 반죽은 겉면을 매끄럽게 정리하여 1차 발효한다.

　• 온도 : 27도, 습도 : 80%, 시간 : 1시간

3 1차 발효가 완료된 반죽을 300g으로 분할한다. 분할한 반죽은 성형이 용이하게 타원형으로 만들어 중간 발효(발효실)를 15분 정도 한다.

Tip | 실내 온도에 따라 실온 발효와 발효실 발효에 시간 차이가 있다.

4 **성형**

   ❶ 손바닥을 가볍게 반죽을 눌러준다.

   ❷ 밀대로 반죽을 길게 밀어준다.

   ❸ 반죽 위에 크림치즈 다이스와 무화과 다이스를 골고루 올려준다.

   ❹ 럭비공 모양이 되게 말아준다.

5 2차 발효 : 성형이 완료된 반죽은 광목천에 덧가루를 가볍게 뿌리고 주름을
    잡아 벽을 만들어 준 후 천에 이음매를 바닥으로 올려 발효한다.

    • 온도 : 27도, 습도 : 80%, 시간 : 40분

6 2차 발효가 완료된 반죽은 나무판이나 자를 이용해 간격을 충분히 주고 실리콘 페이퍼 위로 옮겨준다.

7 실리콘 페이퍼로 옮긴 바게트는 쿠프에 용이하게 겉면을 건조시킨다.

8 칼집을 4~5개 일정하게 내준다.

9 윗불 250/아랫불 250에서 스팀 후 10분 ···▶ 불문 열고 윗불 220/아랫불 220에서 10분 굽는다.

통밀 호두 캉파뉴

Ingrédients

오토리즈

강력	500
물	500

본반죽

T-65	300
통밀	200
사워도우	800
소금	25
물	150
호두	300

반죽양 : 2475g
수율 : 70%

① 오토리즈
② 믹싱 1단 1분 - 2단 7분
③ 1차 발효 온도 27도, 습도 80%, 시간 1시간
④ 분할 300g
⑤ 벤치타임 최소 15분
⑥ 성형
⑦ 2차 발효 광목천에서 온도 27도, 습도 80%, 시간 40분
⑧ 굽기 250/250 10분, 불문 열고 220/220 10분

오토리즈

1 물과 강력분을 믹싱기에 넣고 1단으로 3분간 믹싱 후 마르지 않게 밀폐하여 30분간 실온 혹은 냉장 휴지한다.

2 오토리즈는 수화가 목적이므로 과하지 않게 저속으로 믹싱한다.

본반죽

1 오토리즈와 나머지 재료를 믹싱볼에 넣고 믹싱한다. 1단 1분 ⋯ 2단 7분

2 믹싱이 완료된 반죽은 겉면을 매끄럽게 정리하여 1차 발효한다.

   • 온도 : 27도, 습도 : 80%, 시간 : 1시간

3 1차 발효가 완료된 반죽을 300g으로 분할한다. 분할한 반죽은 성형이 용이하게 타원형으로 만들이 중긴 발효(발효실)를 15분 정노 한나.

Tip 실내 온도에 따라 실온 발효와 발효실 발효에 시간 차이가 있다.

4 성형

❶ 손바닥을 가볍게 반죽을 눌러준다.

❷ 반죽을 밀대로 밀어준 후 호두를 골고루 올리고 럭비공 모양으로 말아준다.

❸ 접은 반죽 이음매가 잘 붙었는지 확인하고 이음매가 바닥으로 가게 놓은
   후 2차 발효한다.

5 2차 발효 : 성형이 완료된 반죽은 광목천에 덧가루를 가볍게 뿌리고 주름을
   잡아 벽을 만들어 준 후 천에 이음매를 바닥으로 올려 발효한다.

   • 온도 : 27도, 습도 : 80%, 시간 : 40분

6 2차 발효가 완료된 반죽은 나무판이나 자를 이용해 간격을 충분히 주고 실리콘 페이퍼 위로 옮겨준다.

7 실리콘 페이퍼로 옮긴 바게트는 쿠프에 용이하게 겉면을 건조시킨다.

8 칼집을 4~5개 일정하게 내준다.

9 윗불 250/아랫불 250에서 스팀 후 10분 ⋯ 불문 열고 윗불 220/아랫불 220에서 10분 굽는다.

Danish pastry

데 니 시 페 이 스 트 리

크루아상 / 투톤 크루아상 레드 / 투톤 크루아상 초코
뱅 오 쇼콜라 / 투톤 뱅 오 쇼콜라 레드 / 몽블랑 /
햄치즈 크루아상 / 더티초코 / 마르게리타 / 라즈베리 파이
크러핀 / 캐러멜 넛츠 / 베이컨 아스파라거스

크루아상

Ingrédients

강력	900
T-65	100
소금	20
설탕	140
이스트 골드	20
개량제	20
물	500
충전용 버터	
	500g(반죽당 250g)

반죽양 : 1700g
수율 : 50%

① 믹싱 1단 1분 - 2단 10분

② 믹싱 완료 후 1000g씩 분할하여 둥글리기

③ 1차 발효 1시간, 럭비공 모양으로 성형 후 30분 발효

④ 가로 40cm, 세로 20cm 밀어 편 후 냉장 1시간

⑤ 충전용 버터 125g을 가로 20cm, 세로 20cm 정사
　 각형으로 일정한 두께로 밀어 펴기

⑥ 차가워진 반죽의 정 가운데에 버터를 올리고 감싼다.

⑦ 3절 1회, 4절 1회

⑧ 가로 60cm, 세로 30cm, 두께 5mm 밀기

⑨ 재단 : 가로 8cm, 세로 28cm 재단 후 성형

⑩ 2차 발효 온도 27도, 습도 80%, 시간 1시간 30분

⑪ 윗불 180/아랫불 180에서 18분 굽기

1　믹싱볼에 충전물을 제외한 모든 재료를 넣고 믹싱한다.

　　• 1단 1분 ⋯ 2단 10분

2　믹싱이 완료된 반죽은 겉면을 매끄럽게 정리하여 1차 발효한다.

　　• 온도 : 27도, 습도 : 80%, 시간 : 1시간 ⋯ 럭비공 모양으로 만든 후 30분

3　1차 발효가 완료된 반죽을 일정한 두께로 가로 40cm, 세로 20cm로 밀어
　　편 후 냉장 휴지를 1시간 한다. 버터는 가로 20cm, 세로 20cm 정사각형의
　　일정한 두께로 성형한다.

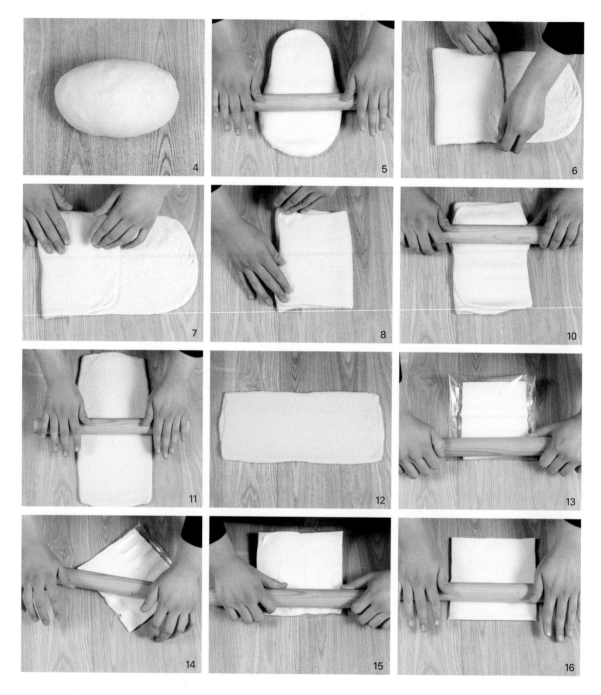

4 성형

❶ 휴지가 끝난 크루아상 반죽의 정 가운데에 버터(온도 : 12~15도)를 올린다.

❷ 반죽의 양옆을 가운데로 모으고 이음매를 잘 이어준다.

❸ 반죽을 90도로 돌리고 양옆의 반죽을 잘라준다.

❹ 일정한 힘으로 밀대를 이용해 반죽을 눌러준다.

❺ 밀대로 밀어 3절 1회 후 90도로 돌려 양옆의 반죽을 자르고 냉장 휴지를 30분 한다.

❻ 밀대로 밀어 4절 1회 후 90도로 돌려 양옆의 반죽을 자르고 냉장 휴지를 30분 한다.

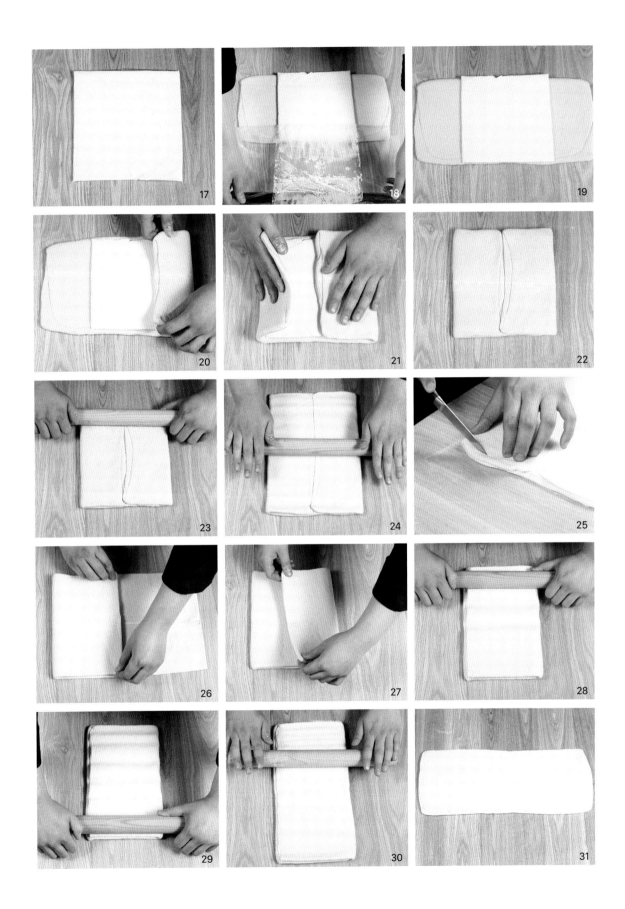

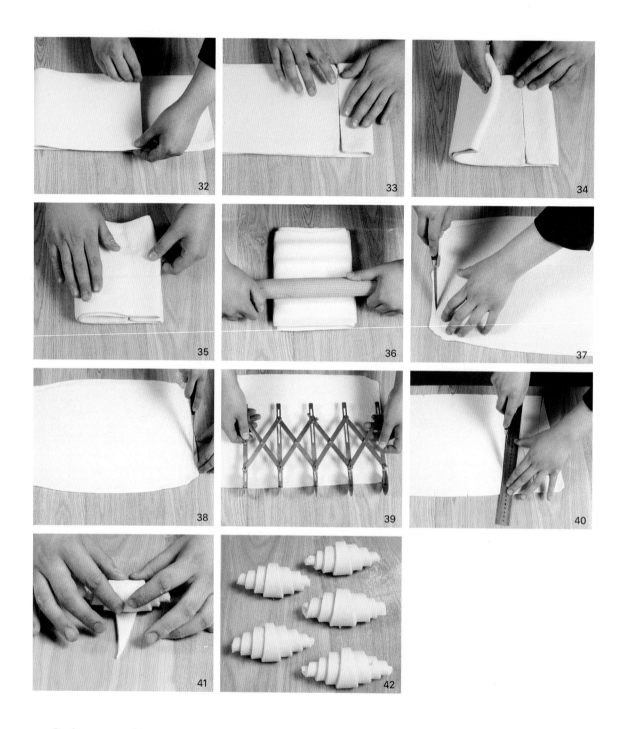

❼ 가로 60cm, 세로 30cm, 두께 5mm가 되도록 밀어 편 후 위아래의 가장자리를 잘라 세로 28cm로 만든다.

❽ 가로 8cm, 세로 28cm의 삼각형으로 재단한다.

❾ 반죽을 살살 말아 크루아상 모양으로 성형한다.

5 2차 발효 : 적당한 간격으로 팬닝하여 발효한다.
- 온도 : 27도, 습도 : 80%, 시간 : 2시간 30분

6 윗불 180/아랫불 180에서 18분 굽는다.

투톤 크루아상 레드

Ingrédients

강력	900
T–65	100
소금	20
설탕	140
이스트 골드	20
개량제	20
물	500

투톤 크루아상 반죽

클래식 크루아상 반죽	250
적색 식용 색소	5
충전용 버터 500g	
(반죽당 250g)	

반죽양 : 1700g
수율 : 50%

① 믹싱 1단 1분 – 2단 10분
② 믹싱 완료 후 750g, 250g(투톤 반죽)씩 분할하여 둥글리기
③ 1차 발효 1시간, 럭비공 모양으로 성형 후 30분 발효
④ 가로 40cm, 세로 20cm 밀어 편 후 냉장 1시간
⑤ 충전용 버터 250g을 가로 20cm, 세로 20cm 정사각형으로 일정한 두께로 밀어 펴기
⑥ 차가워진 반죽의 정 가운데에 버터를 올리고 감싼다.
⑦ 3절 1회, 4절 1회가 끝난 반죽 크기에 맞춰에 투톤 반죽을 일정한 두께로 밀어 펴서 클래식 반죽에 물을 묻힌 후 올려준다.
⑧ 가로 60cm, 세로 30cm, 두께 5mm 밀기
⑨ 재단 : 가로 8cm, 세로 28cm 재단 후 성형
⑩ 2차 발효 온도 27도, 습도 80%, 시간 1시간 30분
⑪ 윗불 180/아랫불 180에서 18분 굽기

1 믹싱볼에 충전물을 제외한 모든 재료를 넣고 믹싱한다.
  • 1단 1분 ⋯ 2단 10분 믹싱이 완료된 클래식 반죽에서 투톤 크루아상용 반죽을 떼어낸 후 색소를 넣고 믹싱한다.

2 믹싱이 완료된 반죽은 겉면을 매끄럽게 정리하여 1차 발효한다.
  • 온도 : 27도, 습도 : 80%, 시간 : 1시간 ⋯ 럭비공 모양으로 만든 후 30분

3 1차 발효가 완료된 반죽을 일정한 두께로 가로 40cm, 세로 20cm로 밀어 편 후 냉장 휴지를 1시간 한다. 버터는 가로 20cm, 세로 20cm 정사각형, 일정한 두께로 성형한다.

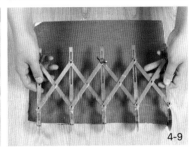

4 성형

❶ 휴지가 끝난 크루아상 반죽의 정 가운데에 버터(온도 : 12~15도)를 올린다.

❷ 반죽의 양옆을 가운데로 모으고 이음매를 잘 이어준다.

❸ 반죽을 90도로 돌리고 양옆의 반죽을 잘라준다.

❹ 일정한 힘으로 밀대를 이용해 반죽을 눌러준다.

❺ 밀대로 밀어 3절 1회 후 90도로 돌려 양옆의 반죽을 자르고 냉장 휴지를 30분 한다.

❻ 밀대로 밀어 4절 1회 후 90도로 돌려 양옆의 반죽을 자르고 냉장 휴지를 30분 한다.

❼ 4절 1회가 끝난 반죽의 크기에 맞게 투톤 크루아상 반죽을 밀어 냉장 휴지 후 클래식 반죽 윗면에 물을 뿌려 붙여준다.

❽ 가로 60cm, 세로 30cm, 두께 5mm가 되도록 밀어 편 후 위아래의 가장자리를 잘라 세로 28cm로 만든다.

❾ 가로 8cm, 세로 28cm 삼각형으로 재단한다.

❿ 반죽을 살살 말아 크루아상 모양으로 성형한다.

4-10

4-10

4-10

4-10

5 2차 발효 : 적당한 간격으로 팬닝하여 발효한다.

　• 온도 : 27도, 습도 : 80%, 시간 : 1시간 30분

6 윗불 180/아랫불 180에서 18분 굽는다.

투톤 크루아상 초코

Ingrédients

강력	900
T-65	100
소금	20
설탕	140
이스트 골드	20
개량제	20
물	500

투톤 크루아상 반죽

클래식 크루아상 반죽	250
카카오 파우더	10
충전용 버터 500g	
(반죽당 250g)	

반죽양 : 1700g
수율 : 50%

① 믹싱 1단 1분 - 2단 10분
② 믹싱 완료 후 750g, 250g(투톤 반죽)씩 분할하여 둥글리기
③ 1차 발효 1시간, 럭비공 모양으로 성형 후 30분 발효
④ 가로 40cm, 세로 20cm 밀어 편 후 냉장 1시간
⑤ 충전용 버터 250g을 가로 20cm, 세로 20cm 정사각형으로 일정한 두께로 밀어 펴기
⑥ 차가워진 반죽의 정 가운데에 버터를 올리고 감싼다.
⑦ 3절 1회, 4절 1회가 끝난 반죽 크기에 맞춰에 투톤 반죽을 일정한 두께로 밀어 펴서 클래식 반죽에 물을 묻힌 후 올려준다.
⑧ 가로 60cm, 세로 30cm, 두께 5mm 밀기
⑨ 재단 : 8cm, 세로 28cm 재단 후 성형
⑩ 2차 발효 온도 27도, 습도 80%, 시간 1시간 30분
⑪ 윗불 180/아랫불 180에서 18분 굽기

1 믹싱볼에 충전물을 제외한 모든 재료를 넣고 믹싱한다.
　• 1단 1분 ┅ 2단 10분 믹싱이 완료된 클래식 반죽에서 투톤 크루아상용 반죽을 떼어난 후 카카오 파우더를 넣고 믹싱한다.

2 믹싱이 완료된 반죽은 겉면을 매끄럽게 정리하여 1차 발효한다.
　• 온도 : 27도, 습도 : 80%, 시간 : 1시간 ┅ 럭비공 모양으로 만든 후 30분

3 1차 발효가 완료된 반죽을 일정한 두께로 가로 40cm, 세로 20cm로 밀어 편 후 냉장 휴지를 1시간 한다. 버터는 가로 20cm, 세로 20cm 정사각형, 일정한 두께로 성형한다.

4 성형

❶ 휴지가 끝난 크루아상 반죽의 정 가운데에 버터(온도 : 12~15도)를 올린다.

❷ 반죽의 양옆을 가운데로 모으고 이음매를 잘 이어준다.

❸ 반죽을 90도로 돌리고 양옆의 반죽을 잘라준다.

❹ 일정한 힘으로 밀대를 이용해 반죽을 눌러준다.

❺ 밀대로 밀어 3절 1회 후 90도로 돌려 양옆의 반죽을 자르고 냉장 휴지를 30분 한다.

❻ 밀대로 밀어 4절 1회 후 90도로 돌려 양옆의 반죽을 자르고 냉장 휴지를 30분 한다.

❼ 4절 1회가 끝난 반죽의 크기에 맞게 투톤 크루아상 반죽을 밀어 냉장 휴지 후 클래식 반죽 윗면에 물을 뿌려 붙여준다.

❽ 가로 60cm, 세로 30cm, 두께 5mm가 되도록 밀어 편 후 위아래의 가장자리를 잘라 세로 28cm로 만든다.

❾ 가로 8cm, 세로 28cm 삼각형으로 재단한다.

❿ 반죽을 살살 말아 크루아상 모양으로 성형한다.

4-10

4-10

4-10

4-10

5 2차 발효 : 적당한 간격으로 팬닝하여 발효한다.

　• 온도 : 27도, 습도 : 80%, 시간 : 1시간 30분

6 윗불 180/아랫불 180에서 18분 굽는다.

뱅 오 쇼콜라

Ingrédients

강력	900
T-65	100
소금	20
설탕	140
이스트 골드	20
개량제	20
물	500
충전용 버터	
	500g(반죽당 250g)

반죽양 : 1700g
수율 : 50%

① 믹싱 1단 1분 - 2단 10분
② 믹싱 완료 후 1000g 분할하여 둥글리기
③ 1차 발효 1시간, 럭비공 모양으로 성형 후 30분 발효
④ 가로 60cm, 세로 20cm 밀어 편 후 냉동 혹은 냉장 1시간
⑤ 충전용 버터 125g을 가로 20cm, 세로 20cm 정사각형으로 일정한 두께로 밀어 펴기
⑥ 차가워진 반죽의 정 가운데에 버터를 올리고 감싼다.
⑦ 3절 1회, 4절 1회
⑧ 가로 48cm, 세로 35cm, 두께 5mm 밀기
⑨ 재단 : 가로 8cm, 세로 17cm 재단 후 초코스틱 2개 넣고 성형
⑩ 2차 발효 온도 27도, 습도 80%, 시간 1시간 30분
⑪ 윗불 180/아랫불 180에서 18분 굽기

• 크루아상 참조

1 성형

❶ 가로 48cm, 세로 35cm, 두께 5mm가 되도록 밀어 편 후 위아래의 가장자리를 잘라 세로 34cm로 만든다.

❷ 가로 8cm, 세로 17cm 직사각형으로 재단한다.

❸ 반죽 끝에 초코스틱을 1개 올린 후 한 번 말고 위에 초코스틱을 1개 올려 살짝 힘을 줘 끝까지 말아준다.

❹ 양옆으로 튀어나오지 않게 일자로 말아준다.

2 2차 발효 : 적당한 간격으로 팬닝하여 발효한다.
   • 온도 : 27도, 습도 : 80%, 시간 : 1시간 30분

3 윗불 180/아랫불 180에서 18분 굽는다.

투톤 뱅 오 쇼콜라 레드

Ingrédients

강력	900
T-65	100
소금	20
설탕	140
이스트 골드	20
개량제	20
물	500

투톤 크루아상 반죽

클래식 크루아상 반죽	250
적색 식용 색소	5
충전용 버터 500g	

(반죽당 250g)

투톤 크루아상 반죽

클래식 크루아상 반죽	250
카카오 파우더	10
충전용 버터 500g	

(반죽당 250g)

반죽양 : 1700g
수율 : 50%

① 믹싱 1단 1분 - 2단 10분
② 믹싱 완료 후 750g, 250g(투톤 반죽)씩 분할하여 둥글리기
③ 1차 발효 1시간, 럭비공 모양으로 성형 후 30분 발효
④ 가로 40cm, 세고 20cm 밀어 편 후 냉장 1시간
⑤ 충전용 버터 250g을 가로 20cm, 세로 20cm 정사각형으로 일정한 두께로 밀어 펴기
⑥ 차가워진 반죽의 정 가운데에 버터를 올리고 감싼다.
⑦ 3절 1회, 4절 1회가 끝난 반죽 크기에 맞춰서 투톤 반죽을 일정한 두께로 밀어 펴서 클래식 반죽에 물을 묻힌 후 올려준다.
⑧ 가로 48cm, 세로 35cm, 두께 5mm 밀기
⑨ 재단 : 가로 8cm, 세로 17cm 재단 후 초코스틱 2개 넣고 성형 후 칼집
⑩ 2차 발효 온도 27도, 습도 80%, 시간 1시간 30분
⑪ 윗불 180/아랫불 180에서 18분 굽기

• 크루아상 참조

1 성형

❶ 가로 48cm, 세로 35cm, 두께 5mm가 되도록 밀어 편 후 위아래의 가장자리를 잘라 세로 34cm로 만든다.

❷ 가로 8cm, 세로 17cm 직사각형으로 재단한다.

❸ 반죽 끝에 초코스틱을 1개 올린 후 한 번 말고 위에 초코스틱을 1개 올려 살짝 힘을 줘 끝까지 말아준다.

❹ 양옆으로 튀어나오지 않게 일자로 말아준다.

2 2차 발효 : 적당한 간격으로 팬닝하여 발효한다.
   • 온도 : 27도, 습도 : 80%, 시간 : 1시간 30분
3 윗불 180/아랫불 180에서 18분 굽는다.

몽블랑

Ingrédients

강력	900
T-65	100
소금	20
설탕	140
이스트 골드	20
개량제	20
물	500
묵은 반죽	300

반죽양 : 2000g
수율 : 50%

① 믹싱 1단 1분 – 2단 10분
② 믹싱 완료 후 500g 분할하여 둥글리기
③ 1차 발효 1시간, 럭비공 모양으로 성형 후 30분 발효
④ 가로 60cm, 세로 20cm 밀어 편 후 냉동 혹은 냉장 1시간
⑤ 충전용 버터 125g을 가로 20cm, 세로 20cm 정사각형으로 일정한 두께로 밀어 펴기
⑥ 차가워진 반죽의 정 가운데에 버터를 올리고 감싼다.
⑦ 3절 1회, 4절 1회
⑧ 가로 60cm, 세로 30cm, 두께 5mm 밀기
⑨ 재단 : 가로 60cm, 세로 5.5cm 재단 후 동그랗게 말아주기
⑩ 2차 발효 온도 27도, 습도 80%, 시간 1시간 30분
⑪ 윗불 180/아랫불 180에서 25분 굽기

• 크루아상 참조

1 성형

❶ 가로 60cm, 세로 30cm, 두께 5mm가 되도록 밀어 편다.

❷ 가로 60cm, 세로 5.5cm 직사각형으로 재단한다.

❸ 반죽 끝에 공간을 두고 양옆이 튀어나오지 않게 일자로 끝까지 말아준다.

❹ 지름 10cm 몰드에 버터를 바른 후 반죽을 세워서 넣고 발효시킨다.

2 2차 발효 : 적당한 간격으로 팬닝하여 발효한다.
  · 온도 : 27도, 습도 : 80%, 시간 : 1시간 30분

3 윗불 180/아랫불 180에서 25분 굽는다.

Danish pastry

햄치즈 크루아상

Ingrédients

강력	900
T-65	100
소금	20
설탕	140
이스트 골드	20
개량제	20
물	500
묵은 반죽	300

반죽양 : 2000g
수율 : 50%

① 믹싱 1단 1분 - 2단 10분
② 믹싱 완료 후 500g씩 분할하여 둥글리기
③ 1차 발효 1시간, 럭비공 모양으로 성형 후 30분 발효
④ 가로 60cm, 세로 20cm 밀어 편 후 냉동 혹은 냉장 1시간
⑤ 충전용 버터 125g을 가로 20cm, 세로 20cm 정사각형으로 일정한 두께로 밀어 펴기
⑥ 차가워진 반죽의 정 가운데에 버터를 올리고 감싼다.
⑦ 3절 1회, 4절 1회
⑧ 가로 60cm, 세로 30cm, 두께 5mm 밀기
⑨ 재단 : 가로 8cm, 세로 28cm 재단 후 슬라이스 햄과 체다치즈를 넣고 성형
⑩ 2차 발효 온도 27도, 습도 80%, 시간 1시간 30분
⑪ 윗불 180/아랫불 180에서 18분 굽기
⑫ 다 식은 햄치즈 크루아상 옆면 구멍에 체다치즈 소스를 짜고 윗면에 시럽을 바른 뒤 파슬리를 일자로 뿌려 마무리

• 크루아상 참조

1   성형

❶ 가로 60cm, 세로 30cm, 두께 5mm가 되도록 밀어 편 후 위아래의 가장자리를 잘라 세로 28cm로 만든다.

❷ 가로 8cm, 세로 28cm 삼각형으로 재단한다.

❸ 반죽 아래쪽에 슬라이스 햄과 슬라이스 치즈를 겹쳐 올린다.

❹ 반죽을 살살 말아 크루아상 모양으로 성형한다.

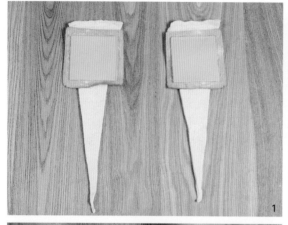

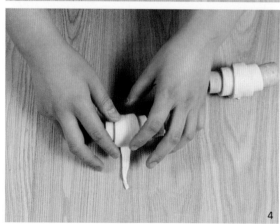

2 2차 발효 : 적당한 간격으로 팬닝하여 발효한다.
  • 온도 : 27도, 습도 : 80%, 시간 : 1시간 30분

3 윗불 180/아랫불 180에서 18분 굽는다.

4 구워진 햄치즈 크루아상을 식힌다.

5 식은 햄치즈 크루아상 옆면에 체다치즈 소스를 짜고 시
  럽을 바른 뒤 파슬리를 뿌려 마무리한다.

더티초코

Ingrédients

강력	900
T-65	100
소금	20
설탕	140
이스트 골드	20
개량제	20
물	500
묵은 반죽	300

반죽양 : 2000g
수율 : 50%

① 믹싱 1단 1분 - 2단 10분
② 믹싱 완료 후 500g씩 분할하여 둥글리기
③ 1차 발효 1시간, 럭비공 모양으로 성형 후 30분 발효
④ 가로 60cm, 세로 20cm 밀어 편 후 냉동 혹은 냉장 1시간
⑤ 충전용 버터 125g을 가로 20cm, 세로 20cm 정사각형으로 일정한 두께로 밀어 펴기
⑥ 차가워진 반죽의 정 가운데에 버터를 올리고 감싼다.
⑦ 3절 1회, 4절 1회
⑧ 가로 48cm, 세로 35cm, 두께 5mm 밀기
⑨ 재단 : 가로 8cm, 세로 17cm 재단 후 초코스틱 2개 넣고 성형
⑩ 2차 발효 온도 27도, 습도 80%, 시간 1시간 30분
⑪ 윗불 180/아랫불 180에서 18분 굽기
⑫ 굽고 난 후 식은 뱅 오 쇼콜라의 윗면을 초콜릿 코팅하여 굳힌다. 굳은 초콜릿 위에 카카오 파우더를 뿌린다.

• 크루아상 참조

1 성형

❶ 가로 48cm, 세로 35cm, 두께 5mm가 되도록 밀어 편 후 위아래의 가장자리를 잘라 세로 34cm로 만든다.

❷ 가로 8cm, 세로 17cm 직사각형으로 재단한다.

❸ 반죽 끝에 초코스틱을 1개 올린 후 한 번 말고 위에 초코스틱을 1개 올려 살짝 힘을 줘 끝까지 말아준다.

❹ 양옆으로 튀어나오지 않게 일자로 말아준다.

4-1 4-2 5-1 5-2

2 2차 발효 : 적당한 간격으로 팬닝하여 발효한다.
   • 온도 : 27도, 습도 : 80%, 시간 : 1시간 30분

3 윗불 180/아랫불 180에서 18분 굽는다.

4 완전히 식힌 뱅 오 쇼콜라 윗면을 초콜릿으로 코팅한 후 굳힌다.

5 다 굳은 초콜릿 위에 카카오 파우더를 뿌린다.

마르게리타

Ingrédients

강력	900
T-65	100
소금	20
설탕	140
이스트 골드	20
개량제	20
물	500
묵은 반죽	300

반죽양 : 2000g
수율 : 50%

① 믹싱 1단 1분 - 2단 10분
② 믹싱 완료 후 500g씩 분할하여 둥글리기
③ 1차 발효 1시간, 럭비공 모양으로 성형 후 30분 발효
④ 가로 60cm, 세로 20cm 밀어 편 후 냉동 혹은 냉장 1시간
⑤ 충전용 버터 125g을 가로 20cm, 세로 20cm 정사각형으로 일정한 두께로 밀어 펴기
⑥ 차가워진 반죽의 정 가운데에 버터를 올리고 감싼다.
⑦ 3절 1회, 4절 1회
⑧ 가로 48cm, 세로 35cm, 두께 5mm 밀기
⑨ 재단 : 가로 8cm, 세로 17cm 재단 후
⑩ 2차 발효 온도 27도, 습도 80%, 시간 1시간 30분
⑪ 슬라이스 토마토 6조각, 후추, 올리브 오일, 피자소스, 바질 페스토, 슬라이스 올리브, 모차렐라 치즈
⑫ 윗불 180/아랫불 180에서 20분 굽기
⑬ 구워져 나온 빵에 시럽을 바른 후 일자로 파슬리가루를 뿌려준다.

• 크루아상 참조

1 성형

❶ 가로 48cm, 세로 35cm, 두께 5mm가 되도록 밀어 편 후 위아래의 가장자리를 잘라 세로 34cm로 만든다.

❷ 가로 8cm, 세로 17cm 직사각형으로 재단한다.

2 2차 발효 : 적당한 간격으로 팬닝하여 발효한다.
   •온도 : 27도, 습도 : 80%, 시간 : 1시간 30분

3 슬라이스 토마토를 빈틈없이 올린 다음 후추, 올리브 오일을 뿌린다.

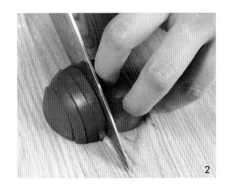

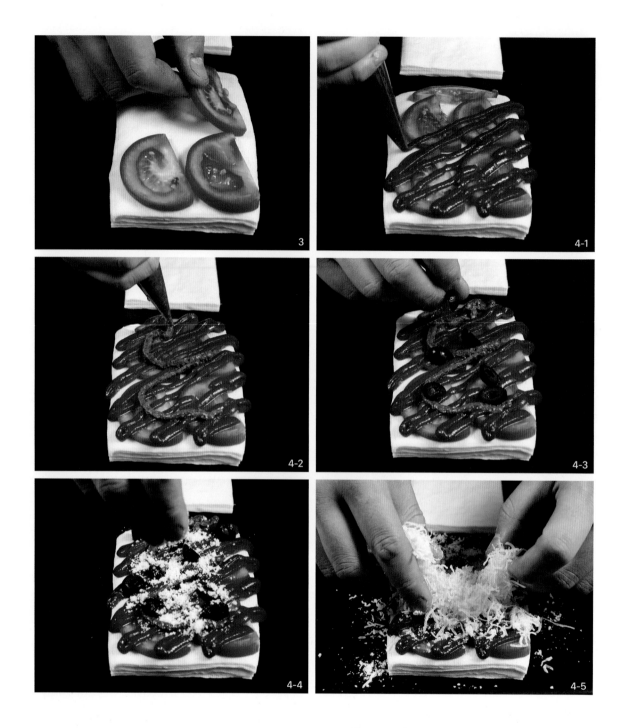

4   피자소스, 바질 페스토를 뿌린 후 슬라이스 올리브를 올리고 모차렐라
    피자치즈를 빈틈없이 올려준다.

5   윗불 180/아랫불 180에서 20분 굽는다.

6   다 구워진 마르게리타를 타공팬에 바로 옮긴 후 윗면에 시럽을 바르고
    파슬리를 일자로 뿌려 마무리한다.

라즈베리 파이

Ingrédients

강력	900
T-65	100
소금	20
설탕	140
이스트 골드	20
개량제	20
물	500
묵은 반죽	300
라즈베리 잼	
라즈베리	500
설탕	400
레몬즙	40

반죽양 : 2000g
수율 : 50%

① 믹싱 1단 1분 - 2단 10분
② 믹싱 완료 후 500g씩 분할하여 둥글리기
③ 1차 발효 1시간, 럭비공 모양으로 성형 후 30분 발효
④ 가로 60cm, 세로 20cm 밀어 편 후 냉동 혹은 냉장 1시간
⑤ 충전용 버터 125g을 가로 20cm, 세로 20cm 정사각형으로 일정한 두께로 밀어 펴기
⑥ 차가워진 반죽의 정 가운데에 버터를 올리고 감싼다.
⑦ 3절 1회, 4절 1회
⑧ 가로 70cm, 세로 25cm, 두께 4mm 밀기
⑨ 재단 : 가로 5.5cm, 세로 25cm 재단 후 크림치즈와 라즈베리 잼 짜기
⑩ 2차 발효 온도 27도, 습도 80%, 시간 1시간 30분
⑪ 윗불 180/아랫불 180에서 20분 굽기

• 크루아상 참조

1 냄비에 모든 재료를 넣어준다.

2 모든 재료를 잘 섞어준다.

3 약불에서 끓이고 중간중간 바닥을 잘 긁어준다. 약 20분

4 **성형**

❶ 가로 70cm, 세로 25cm, 두께 4mm가 되도록 밀어 편 후 위아래의 가장자리를 잘라 세로 25cm로 만든다.

❷ 가로 5.5cm, 세로 25cm 직사각형으로 재단한다.

❸ 반절 아랫부분 가운데에 크림치즈, 라즈베리 잼을 짠 뒤 윗면을 덮어주고 양쪽을 살짝 눌러준다.

5 2차 발효 : 적당한 간격으로 팬닝하여 발효한다.
  • 온도 : 27도, 습도 : 80%, 시간 : 1시간 30분

6 윗불 180/아랫불 180에서 20분 굽는다.

7 다 구워진 라즈베리 파이 윗면에 시럽을 발라 마무리한다.

크러핀

Ingrédients

강력	900
T-65	100
소금	20
설탕	140
이스트 골드	20
개량제	20
물	500
묵은 반죽	300

반죽양 : 2000g
수율 : 50%

① 믹싱 1단 1분 - 2단 10분
② 믹싱 완료 후 500g씩 분할하여 둥글리기
③ 1차 발효 1시간, 럭비공 모양으로 성형 후 30분 발효
④ 가로 60cm, 세로 20cm 밀어 편 후 냉동 혹은 냉장 1시간
⑤ 충전용 버터 125g을 가로 20cm, 세로 20cm 정사각형으로 일정한 두께로 밀어 펴기
⑥ 차가워진 반죽의 정 가운데에 버터를 올리고 감싼다.
⑦ 3절 1회, 4절 1회
⑧ 가로 64cm, 세로 27cm, 두께 5mm 밀기
⑨ 재단 : 가로 17cm, 세로 5.5cm 재단하여 물 분사 후 시나몬 슈거를 뿌리고 2개를 겹쳐 말아준다.
⑩ 머핀 틀에 넣고 2차 발효 온도 27도, 습도 80%, 시간 1시간 30분
⑪ 윗불 180/아랫불 180에서 25분 굽기

• 크루아상 참조

1 성형

❶ 가로 64cm, 세로 27cm, 두께 5mm가 되도록 밀어 편다.

❷ 가로 17cm, 세로 5.5cm 직사각형으로 재단한다.

❸ 윗면에 스프레이로 물을 뿌린 후 시나몬 슈거를 골고루 올려준다.

❹ 반죽을 두 겹으로 겹쳐 양옆이 튀어나오지 않게 일자로 끝까지 말아준다.

❺ 머핀 틀에 넣고 발효한다.

1-2

1-3

2 2차 발효 : 적당한 간격으로 팬닝하여 발효한다.
   • 온도 : 27도, 습도 : 80%, 시간 : 1시간 20분

3 윗불 180/아랫불 180에서 25분 굽는다.

4 굽기가 끝나면 뜨거울 때 시나몬 슈거를 묻혀준다.

캐러멜 넛츠

Ingrédients

강력	900
T-65	100
소금	20
설탕	140
이스트 골드	20
개량제	20
물	500
묵은 반죽	300
캐러멜 소스	
설탕	10
물	50
생크림	100
견과류 믹스	200

반죽양 : 2000g
수율 : 50%

① 믹싱 1단 1분 - 2단 10분
② 믹싱 완료 후 500g씩 분할하여 둥글리기
③ 1차 발효 1시간, 럭비공 모양으로 성형 후 30분 발효
④ 가로 60cm, 세로 20cm 밀어 편 후 냉동 혹은 냉장 1시간
⑤ 충전용 버터 125g을 가로 20cm, 세로 20cm 정사각형으로 일정한 두께로 밀어 펴기
⑥ 차가워진 반죽의 정 가운데에 버터를 올리고 감싼다.
⑦ 3절 1회, 4절 1회
⑧ 가로 70cm, 세로 25cm, 두께 4mm 밀기
⑨ 재단 : 가로 5.5cm, 세로 15cm 재단, 가운데에 칼집을 낸 후 꼬아준다.
⑩ 2차 발효 온도 27도, 습도 80%, 시간 1시간 30분
⑪ 윗불 180/아랫불 180에서 20분 굽기

• 크루아상 참조

1 성형

❶ 가로 70cm, 세로 25cm, 두께 4mm가 되도록 밀어 편 후 위아래의 가장자리를 잘라 세로 25cm로 만든다.

❷ 가로 5.5cm, 세로 15cm 직사각형으로 재단한다.

❸ 정 가운데에 일자로 칼집을 낸 후 한쪽을 칼집 안쪽으로 꼬아준다.

2 2차 발효 : 적당한 간격으로 팬닝하여 발효한다.
 • 온도 : 27도, 습도 : 80%, 시간 : 1시간 30분

3 윗불 180/아랫불 180에서 20분 굽는다.

1-2

1-3

1-3

1-3

1

1-1

1-2

2

3

캐러멜 넛츠 토핑

1   냄비에 물과 설탕을 넣은 후 끓여준다.

2   설탕물이 연한 캐러멜 색으로 변하면 생크림을 넣고 저어준다.
    (캐러멜 색에 따라 맛을 조절할 수 있다.)

3   생크림과 캐러멜이 완전히 다 섞이면 불을 끈 후 견과류를 넣고 잘
    저어준다.

4 실온에서 10~15분 정도 식힌 후 다 구워진 빵 위에 올려준다.

Tip | 견과류 믹스는 호두, 피칸, 호박씨, 헤이즐넛, 마카다미아를 같은 비율로
사용하고 꼭 로스팅 한 후 사용한다.

베이컨 아스파라거스

Ingrédients

강력	900
T-65	100
소금	20
설탕	140
이스트 골드	20
개량제	20
물	500
묵은 반죽	300

충전물

베이컨, 아스파라거스, 데리야키
마요네즈, 가다랑어포

반죽양 : 2000g
수율 : 50%

① 믹싱 1단 1분 – 2단 10분
② 믹싱 완료 후 500g씩 분할하여 둥글리기
③ 1차 발효 1시간, 럭비공 모양으로 성형 후 30분 발효
④ 가로 60cm, 세로 20cm 밀어 편 후 냉동 혹은 냉장 1시간
⑤ 충전용 버터 125g을 가로 20cm, 세로 20cm 정사각형으로 일정한 두께로 밀어 펴기
⑥ 차가워진 반죽의 정 가운데에 버터를 올리고 감싼다.
⑦ 3절 1회, 4절 1회
⑧ 가로 64cm, 세로 27cm, 두께 5mm 밀기
⑨ 재단 : 가로 15cm, 세로 5.5cm 재단
⑩ 2차 발효 온도 27도, 습도 80%, 시간 1시간 30분
⑪ 윗면에 베이컨 2장, 아스파라거스 2개를 올린 후 굽기
⑫ 윗불 180/아랫불 180에서 20분 굽기
⑬ 다 식은 빵에 마요네즈, 데리야키 소스를 뿌린 후 가다랑어포를 올려준다.

• 크루아상 참조

1 성형

❶ 가로 64cm, 세로 27cm, 두께 5mm가 되도록 밀어 편다.

❷ 가로 15cm, 세로 5.5cm 직사각형으로 재단한다.

2 2차 발효 : 적당한 간격으로 팬닝하여 발효한다.

• 온도 : 27도, 습도 : 80%, 시간 : 1시간 30분

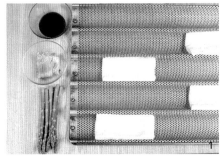

3 발효된 반죽 위에 베이컨 2장, 아스파라거스 2개 후추를 뿌려준다.

4 윗불 180/아랫불 180에서 20분 굽는다.

5 다 구워진 빵 위에 데리야키 소스, 마요네즈를 골고루 뿌린 후 가다랑어 포
를 올려 마무리한다.

Bagel

베 이 글

플레인 베이글 / 어니언 베이글 / 호두 베이글 / 크랜베리 베이글 / 통밀 베이글

플레인 베이글

Ingrédients

강력	1000
설탕	100
버터	100
소금	20
물	500
사워도우	200

반죽양 : 1920g

① 1단 1분 - 2단 8분
② 둥글리기 후 1차 발효 온도 27도, 습도 80%, 시간 1시간
③ 분할 100g 후 벤치타임 10분
④ 성형에 용이하게 밀게 민든 후 베이글 성형
⑤ 2차 발효 온도 27도, 습도 80%, 시간 30분
⑥ 2차 발효가 완료된 반죽을 90도의 물에 10~15초 정도 데친다.
⑦ 윗불 200/아랫불 180에서 20분 굽기
⑧ 구워진 빵 위에 시럽을 발라준다.

1 모든 재료를 믹싱볼에 넣고 믹싱한다. 1단 1분 ⋯➤ 2단 8분

2 빈죽을 메끄럽게 둥글리기 한 후 1차 발효한다.
   • 온도 : 27%, 습도 : 80%, 시간 : 1시간

3 1차 발효가 끝난 반죽은 100g으로 분할 후 벤치타임 10분 한다.

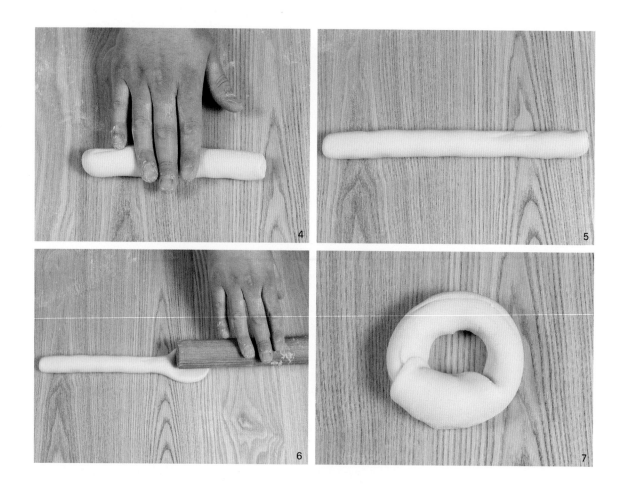

4 벤치타임이 끝난 반죽은 성형에 용이하게 살짝 길게 만들어 준다.

5 반죽을 밀대로 길게 밀어준 후 가로로 길게 놓고 아래로 길게 말아준다.

6 끝부분을 손바닥으로 눌러 이음매를 잘 집어준 뒤 반죽의 한쪽 끝을 벌려
   준다.

7 전체적인 굵기를 같게 만든 후 벌리지 않은 반죽 한쪽을 벌어진 쪽에 넣어
   베이글 모양을 만든 후 2차 발효한다.
   • 온도 : 27도, 습도 : 80%, 시간: 30분

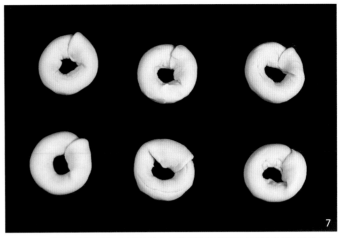

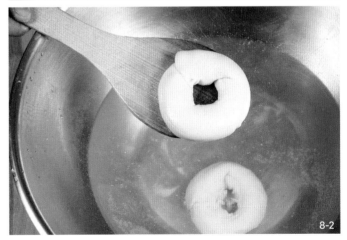

8 2차 발효가 끝난 반죽은 90도의 물에 10~15초 데친 후 철판에 팬 닝한다.

9 윗불 200/아랫불 180에서 20분 굽는다.

10 구워져 나온 비에누아즈에 시럽을 바른 후 식혀준다.

어니언 베이글

Ingrédients

강력	1000
설탕	100
버터	100
소금	20
물	500
사워도우	200
충전물	
양파	100

반죽양 : 2020g

① 1단 1분 - 2단 8분 - 충전물 투입 후 1분
② 둥글리기 후 1차 발효 온도 27도, 습도 80%, 시간 1시간
③ 분할 100g 후 벤치타임 10분
④ 성형에 옹이히게 길게 만든 후 베이글 성형
⑤ 2차 발효 온도 27도, 습도 80%, 시간 30분
⑥ 2차 발효가 완료된 반죽을 90도의 물에 10~15초 정도 데친다.
⑦ 윗불 200/아랫불 180에서 20분 굽기
⑧ 구워진 빵 위에 시럽을 발라준다.

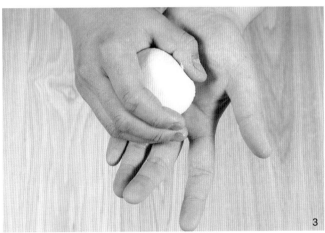

Tip | 양파는 슬라이스한 후 잔불에 죄소 10분 남가 매운맛을 빼고 물기를 제거힌 후 사용힌다.

1 모든 재료를 믹싱볼에 넣고 믹싱한다. 1단 1분 ⋯ 2단 8분 - 충전물 투입 후 1단 1분

2 반죽을 매끄럽게 둥글리기 한 후 1차 발효한다.
   • 온도 : 27%, 습도 : 80%, 시간 : 1시간

3 1차 발효가 끝난 반죽은 100g으로 분할 후 벤치타임 10분 한다.

4 벤치타임이 끝난 반죽은 성형에 용이하게 살짝 길게 만들어 준다.

5 반죽을 밀대로 길게 밀어준 후 가로로 길게 놓고 아래로 길게 말아준다.

6 끝부분을 손바닥으로 눌러 이음매를 잘 집어준 뒤 반죽의 한쪽 끝을 벌려 준다.

7 전체적인 굵기를 같게 만든 후 벌리지 않은 반죽 한쪽을 벌어진 쪽에 넣어 베이글
모양을 만든 후 2차 발효한다.
　• 온도 : 27도, 습도 : 80%, 시간 : 30분

8   2차 발효가 끝난 반죽은 90도의 물에 10~15초 데친 후 철판에 팬
      닝한다.

9   윗불 200/아랫불 180에서 20분 굽는다.

10 구워져 나온 비에누아즈에 시럽을 바른 후 식혀준다.

호두 베이글

Ingrédients

강력	1000
설탕	100
버터	100
소금	20
물	500
사워도우	200

충전물

호두	150

반죽양 : 2070g

① 1단 1분 − 2단 8분 − 충전물 투입 후 1단 1분
② 둥글리기 후 1차 발효 온도 27도, 습도 80%, 시간 1시간
③ 분할 100g 후 벤치타임 10분
④ 싱핑에 응이이께 길게 민든 후 베이글 성형
⑤ 2차 발효 온도 27도, 습도 80%, 시간 30분
⑥ 2차 발효가 완료된 반죽을 90도의 물에 10~15초 정도 데친다.
⑦ 윗불 200/아랫불 180에서 20분 굽기
⑧ 구워진 빵 위에 시럽을 발라준다.

1 모든 재료를 믹싱볼에 넣고 믹싱한다 1단 1분 ⋯ 2단 8분 − 충전물 투입 후 1단 1분

2 반죽을 매끄럽게 둥글리기 한 후 1차 발효한다.

　• 온도 : 27%, 습도 : 80%, 시간 : 1시간

3 1차 발효가 끝난 반죽은 100g으로 분할 후 벤치타임 10분 한다.

4 벤치타임이 끝난 반죽은 성형에 용이하게 살짝 길게 만들어 준다.

5 반죽을 밀대로 길게 밀어준 후 가로로 길게 놓고 아래로 길게 말아준다.

6 끝부분을 손바닥으로 눌러 이음매를 잘 집어준 뒤 반죽의 한쪽 끝을 벌려
준다.

7 전체적인 굵기를 같게 만든 후 벌리지 않은 반죽 한쪽을 벌어진 쪽에 넣어
베이글 모양을 만든 후 2차 발효한다.
　• 온도 : 27도, 습도 : 80%, 시간 : 30분

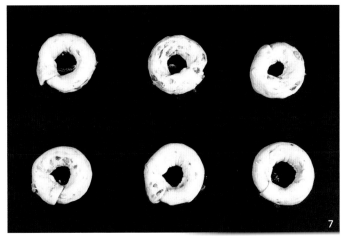

8 2차 발효가 끝난 반죽은 90도의 물에 10~15초 데친 후 철판에 팬
   닝한다.

9 윗불 200/아랫불 180에서 20분 굽는다.

10 구워져 나온 비에누아즈에 시럽을 바른 후 식혀준다.

크랜베리 베이글

Ingrédients

강력	1000
설탕	100
버터	100
소금	20
물	500
사워도우	200
충전물	
크랜베리	200

반죽양 : 2120g

① 1단 1분 – 2단 8분 – 충전물 투입 후 1단 1분

② 둥글리기 후 1차 발효 온도 27도, 습도 80%, 시간 1시간

③ 분할 100g 후 벤치타임 10분

④ 성형에 붕이하게 실게 반는 후 베이글 성형

⑤ 2차 발효 온도 27도, 습도 80%, 시간 30분

⑥ 2차 발효가 완료된 반죽을 90도의 물에 10~15초 정도 데친다.

⑦ 윗불 200/아랫불 180에서 20분 굽기

⑧ 구워진 빵 위에 시럽을 발라준다.

Tip | 양파는 슬라이스한 후 찬물에 최소 10분 담가 매운맛을 빼고 물기를 제거한 후 사용한다.

1 모든 재료를 믹싱볼에 넣고 믹싱한다. 1단 1분 ⋯ 2단 8분 – 충전물 투입 후 1단 1분

2 반죽을 매끄럽게 둥글리기 한 후 1차 발효한다.
 • 온도 : 27%, 습도 : 80%, 시간 : 1시간

3 1차 발효가 끝난 반죽은 100g으로 분할 후 벤치타임 10분 한다.

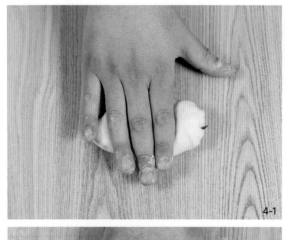

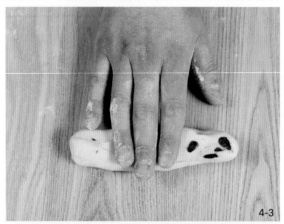

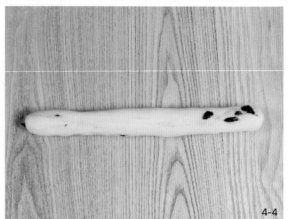

4 벤치타임이 끝난 반죽은 성형에 용이하게 살짝 길게 만들어 준다.

5 반죽을 밀대로 길게 밀어준 후 가로로 길게 놓고 아래로 길게 말아준다.

6 끝부분을 손바닥으로 눌러 이음매를 잘 집어준 뒤 반죽의 한쪽 끝을 벌려 준다.

7 전체적인 굵기를 같게 만든 후 벌리지 않은 반죽 한쪽을 벌어진 쪽에 넣어 베이
글 모양을 만든 후 2차 발효한다.

　　• 온도 : 27도, 습도 : 80%, 시간 : 30분

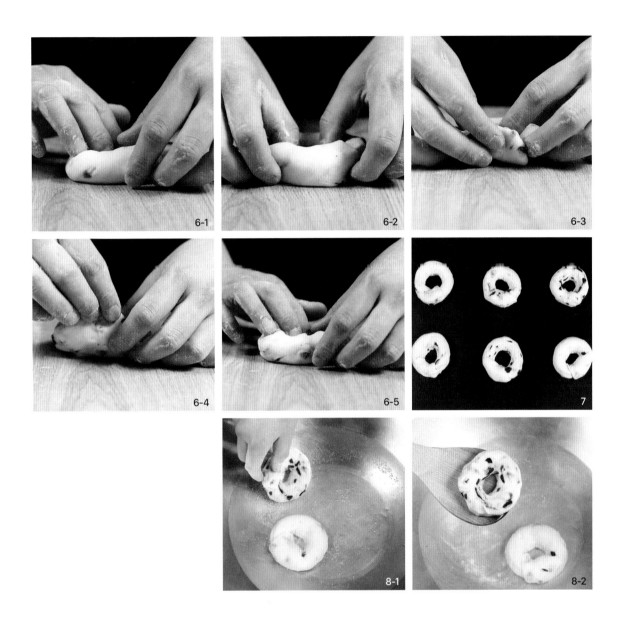

8   2차 발효가 끝난 반죽은 90도의 물에 10〜15초 데친 후 철판에 팬닝한다.

9   윗불 200/아랫불 180에서 20분 굽는다.

10   구워져 나온 비에누아즈에 시럽을 바른 후 식혀준다.

통밀 베이글

Ingrédients

강력	900
통밀	100
설탕	100
버터	100
소금	20
물	480
사워도우	200

반죽양 : 1900g

① 1단 1분 - 2단 8분
② 둥글리기 후 1차 발효 온도 27도, 습도 80%, 시간 1시간
③ 분할 100g 후 벤치타임 10분
④ 성형에 용이하게 길게 민든 후 베이글 성형
⑤ 2차 발효 온도 27도, 습도 80%, 시간 30분
⑥ 2차 발효가 완료된 반죽을 90도의 물에 10~15초 정도 데친다.
⑦ 윗불 200/아랫불 180에서 20분 굽기
⑧ 구워진 빵 위에 시럽을 발라준다.

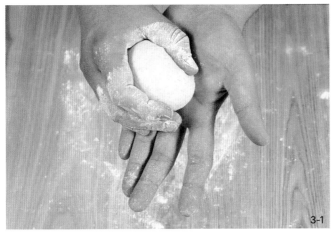

3-1

3-2

1 모든 재료를 믹싱볼에 넣고 믹싱한다. 1단 1분 ⋯ 2단 8분

2 반죽을 매끄럽게 둥글리기 한 후 1차 발효한다.
  • 온도 : 27%, 습도 : 80%, 시간 : 1시간

3 1차 발효가 끝난 반죽은 100g으로 분할 후 벤치타임 10분 한다.

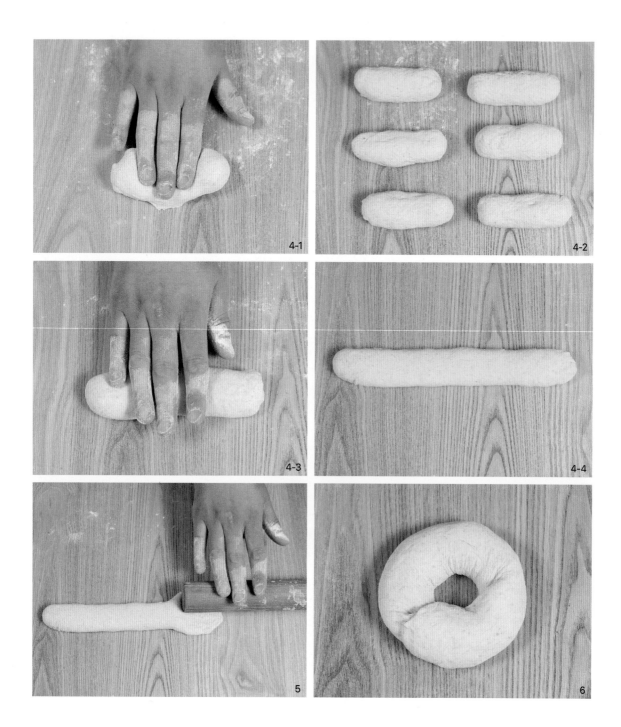

4 벤치타임이 끝난 반죽은 성형에 용이하게 살짝 길게 만들어 준다.

5 반죽을 밀대로 길게 밀어준 후 가로로 길게 놓고 아래로 길게 말아준다.

6 끝부분을 손바닥으로 눌러 이음매를 잘 집어준 뒤 반죽의 한쪽 끝을 벌려 준다.

7 전체적인 굵기를 같게 만든 후 벌리지 않은 반죽 한쪽을 벌어진 쪽에 넣어 베이글
   모양을 만든 후 2차 발효한다.
   • 온도 : 27도, 습도 : 80%, 시간 : 30분

8 2차 발효가 끝난 반죽은 90도의 물에 10~15초 데친 후 철판에 팬닝한다.

9 윗불 200/아랫불 180에서 20분 굽는다.

10 구워져 나온 비에누아즈에 시럽을 바른 후 식혀준다.

Brioche

브리오슈

비에누아즈 / 초프

비에누아즈

Ingrédients

강력	1000
설탕	200
버터	150
소금	20
개량제	30
게닌	100
물	360
우유	300
사워도우	300

반죽양 : 2460g

① 1단 1분 – 2단 10분
② 둥글리기 후 1차 발효 온도 27도, 습도 80%, 시간 1시간
③ 분할 250g, 벤치타임 10분
④ 재둥글리기 후 40cm 성형
⑤ 2차 발효 온도 27도, 습도 80%, 시간 30분
⑥ 윗면에 계란물 칠하고 일정한 간격으로 쿠프 후 굽기
⑦ 윗불 180/아랫불 180에서 20분 굽기
⑧ 다 구워진 빵 위에 시럽을 발라준다.

1 버터를 제외한 모든 재료를 믹싱볼에 넣고 돌린다. 1단 1분

2 버터를 3번에 나눠 넣어 준다. 2단 10분

3 믹싱이 완료된 반죽은 매끄럽게 만들어 발효한다.

　• 1차 발효 온도 : 27도, 습도 : 80%, 시간 : 1시간

4 250g 분할, 성형에 용이하게 럭비공 모양으로 접은 후 벤치타임 10분

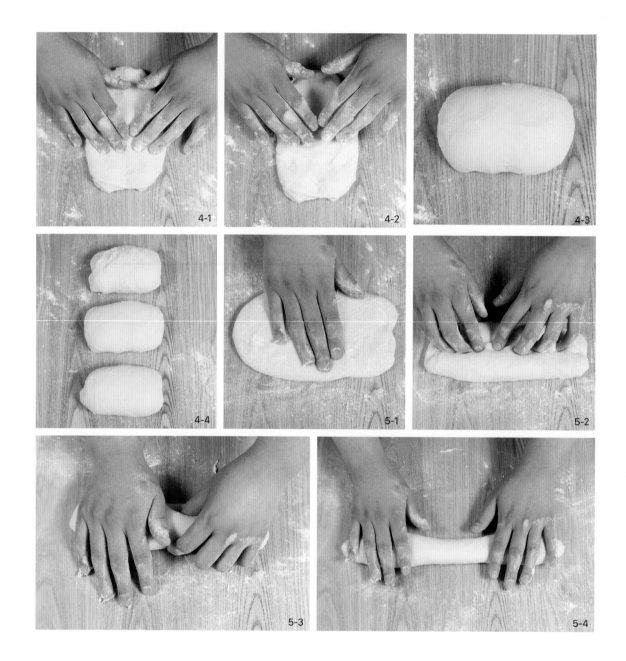

5 성형

❶ 반죽을 살짝 눌러 가스를 빼준다.

❷ 반죽을 길게 만들면서 3번 정도 접어준다.

❸ 반죽의 이음매를 제대로 눌러 붙여준다.

❹ 반죽을 일정한 두께와 길이로 맞추며 굴려준다.

6 2차 발효 온도 : 27도, 습도 : 80%, 시간 : 30분

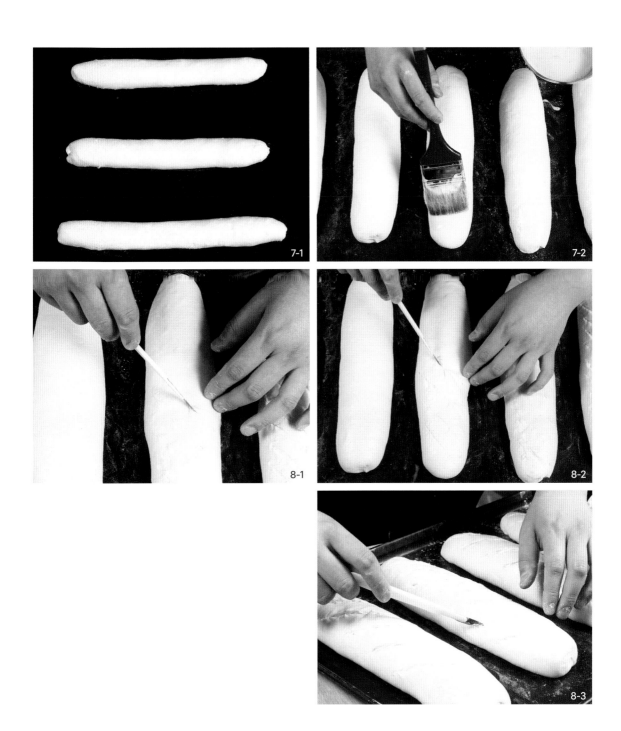

7　발효가 끝난 브리오슈에 계란물을 발라준다.

8　쿠프 나이프를 사용해 대각선으로 일정한 간격을 두고
　칼집을 낸다.

9　윗불 180/아랫불 180에서 15분 굽는다.

10　구워져 나온 브리오슈에 계란물을 바른 후 식혀준다.

초프

Ingrédients

강력	1000
설탕	200
버터	150
소금	20
개량제	30
계란	100
물	360
우유	300
사워도우	300

반죽양 : 2460g

① 1단 1분 - 2단 10분
② 둥글리기 후 1차 발효 온도 27도, 습도 80%, 시간 1시간
③ 80g 분할하여 둥글리기, 벤치타임 10분
④ 반죽을 일정한 두께로 30cm 정도가 되게 밀어준다.
⑤ 3가닥 꼬기를 하고 팬닝한 후 윗면에 계란물 칠을 하고 2차 발효한다.
⑥ 윗면에 계란물 칠한 후 굽기
⑦ 윗불 180/아랫불 180에서 20분 굽기
⑧ 다 구워진 빵 위에 시럽을 발라준다.

1 버터를 제외한 모든 재료를 믹싱볼에 넣고 돌린다. 1단 1분

2 버터를 3번에 나눠 넣어 준다. 2단 10분

3 믹싱이 완료된 반죽은 매끄럽게 만들어 발효한다.
  • 1차 발효 온도 : 27도, 습도 : 80%, 시간 : 1시간

4 80g 분할, 둥글리기 후 벤치타임 10분

5-1   5-2   5-3   5-4   7

5   성형

❶ 반죽에 가스를 빼준다.

❷ 일정한 두께로 30cm까지 밀어준다.

❸ 반죽을 사진과 같은 모양으로 둔 후 3가닥 꼬기를 한다.

❹ 반죽을 늘리지 않고 제일 왼쪽 반죽을 가운데와 제일 오른쪽 반죽 사
    이에 놓고 반대쪽 반죽을 가운데에 놓는 동작을 반복한다.

6   반죽에 계란물을 바른 후 2차 발효

   • 온도 : 27도, 습도 : 80%, 시간 : 30분

7   발효가 끝난 브리오슈에 계란물을 발라준다.

8   윗불 180/아랫불 180에서 20분 굽는다.

9   구워져 나온 초프에 계란물을 바른 후 식혀준다.

Ciabatta

치 아 바 타

플레인 치아바타 / 감자 치아바타 / 올리브 치즈 치아바타

Ciabatta

플레인 치아바타

Ingrédients

강력	500
T–65	400
세몰리나	100
소금	20
이스트 레드	5
사워도우	500
물	700
올리브 오일	120

반죽양 : 2345g
수율 : 70%

① 믹싱 1단 1분 – 2단 6분
② 믹싱 완료 후 오일을 바른 발효 통에 윗면을 깔끔하게 정리한 후 발효
③ 1차 발효 30분 펀치, 1시간 발효
④ 발효 완료 후 반죽을 일정한 두께로 펴서 일정한 크기로 10등분한다.
⑤ 재단한 반죽을 팬닝 후 굽기
⑥ 윗불 220/아랫불 220에서 15분 굽기

3

1   올리브 오일을 제외한 모든 재료를 믹싱볼에 넣고 돌려준다. 1단 1분

2   2단으로 바꾼 뒤 올리브 오일을 넣고 2단으로 믹싱한다. 2단 6분

3   믹싱이 완료된 반죽은 올리브 오일을 바른 통에 윗면을 깔끔하게 정리하여
    발효한다.
    •온도 : 27도, 습도 : 80%, 시간 : 1시간 발효 후 펀치 ⋯ 30분 발효

4-1

4-2

4-3

5

4 1차 발효가 끝난 반죽은 작업대로 옮겨 직사각형으로 반듯하게 재단한다.

5 반죽을 살짝 누르면서 직사각형을 만들어 준다.

6 직사각형이 되면 치아바타를 8cm×15cm 크기로 스크레이퍼를 이용해 재단한다.

7 재단한 반죽은 실리콘 페이퍼 위로 옮겨 2차 발효한다.
  • 온도 : 27도, 습도 : 80%, 시간 : 30분

8 윗불 220/아랫불 220에서 15분 굽는다.

감자 치아바타

Ingrédients

강력	500
T-65	400
세몰리나	100
설탕	40
소금	20
이스트 레드	5
사워도우	750
올리브 오일	150
감자분말	190
물	970

반죽양 : 3125g

① 믹싱 1단 1분 - 2단 6분
② 믹싱 완료 후 오일을 바른 발효 통에 윗면을 깔끔하게 정리한 후 발효
③ 1차 발효 30분 펀치, 1시간 발효
④ 발효 완료 후 반죽을 일정한 두께로 펴서 일정한 크기로 10등분한다.
⑤ 재단한 반죽을 팬닝 후 굽기
⑥ 윗불 220/아랫불 220에서 15분 굽기

3-1

3-2

Tip | 감자분말은 반드시 물에 섞어 5분간 수화시킨 뒤 사용한다.

1 올리브 오일을 제외한 모든 재료를 믹싱볼에 넣고 돌려준다. 1단 1분

2 2단으로 바꾼 뒤 올리브 오일을 넣고 2단으로 믹싱한다. 2단 6분

3 믹싱이 완료된 반죽은 올리브 오일을 바른 통에 윗면을 깔끔하게 정리하여
발효한다.

　• 온도 : 27도, 습도 : 80%, 시간 : 30분 발효 후 펀치 … 1시간 발효

4   1차 발효가 끝난 반죽은 작업대로 옮겨 직사각형으로 반듯하게
     재단한다.

5   반죽을 살짝 누르면서 직사각형을 만들어 준다.

6   직사각형이 되면 치아바타를 8cm×15cm 크기로 스크레이퍼를
     이용해 재단한다.

7   재단한 반죽은 실리콘 페이퍼 위로 옮겨 2차 발효한다.
     • 온도 : 27도, 습도 : 80%, 시간 : 30분

8   윗불 220/아랫불 220에서 15분 굽는다.

올리브 치즈 치아바타

Ingrédients

강력	500
T–65	400
세몰리나	100
소금	20
이스트 레드	5
사워도우	500
물	700
충전물	
올리브	270
치즈	270

반죽양 : 2765g
수율 : 70%

① 믹싱 1단 1분 – 2단 6분 후 충전물 넣고 1단
② 믹싱 완료 후 오일을 바른 발효 통에 윗면을 깔끔하게 정리한 후 발효
③ 1차 발효 30분 펀치, 1시간 발효
④ 발효 완료 후 반죽을 일정한 두께로 펴서 일정한 크기로 10등분한다.
⑤ 재단한 반죽을 팬닝 후 굽기
⑥ 윗불 220/아랫불 220에서 15분 굽기

4-1

4-2

1   올리브 오일을 제외한 모든 재료를 믹싱볼에 넣고 돌려준다. 1단 1분

2   2단으로 바꾼 뒤 올리브 오일을 넣고 2단으로 믹싱한다. 2단 6분

3   반죽에 충전물을 넣고 1단으로 가볍게 섞어준다.

4   믹싱이 완료된 반죽은 올리브 오일을 바른 통에 윗면을 깔끔하게 정리하여
    발효한다.
    • 온도 : 27도, 습도 : 80%, 시간 : 30분 발효 후 펀치 ⋯ 1시간 발효

5 1차 발효가 끝난 반죽은 작업대로 옮겨 직사각형으로 반듯하게 재단한다.

6 재단한 반죽을 살짝 밀어준다.

7 반죽을 일정한 두께로 밀어준다.

8 일정한 두께로 민 반죽을 꼬아준다.

9 재단한 반죽은 실리콘 페이퍼 위로 옮겨 2차 발효한다.

　• 온도 : 27도, 습도 : 80%, 시간 : 30분

10 윗불 220/아랫불 220에서 15분 굽는다.

Focaccia

포 카 치 아

감자 포카치아 / 시금치 토마토 포카치아 / 가지 포카치아

감자 포카치아

Ingrédients

강력	330
T-65	260
세몰리나	70
소금	15
이스트 레드	10
사워도우	300
물	520
올리브 오일	140

반죽양 : 1645g

① 믹싱 1단 1분 - 2단 10분
② 믹싱 완료 후 오일을 바른 철판 윗면을 깔끔하게 정리한 후 발효
③ 1차 발효 30분 후 반죽을 살짝 펴듯이 눌러준다.
   1시간 발효
④ 발효 완료 후 반죽 윗면에 올리브 오일을 골고루 바른 후 손가락으로 일정한 간격으로 눌러준다.
⑤ 윗불 220/아랫불 220에서 25분 굽기

3

1 올리브 오일을 제외한 모든 재료를 믹싱볼에 넣고 돌려준다. 1단 1분

2 2단으로 바꾼 뒤 올리브 오일을 넣고 2단으로 믹싱한다. 2단 10분

3 믹싱이 완료된 반죽은 높이가 높은 철판에 윗면을 깔끔하게 정리하여 발효한다.
   • 온도 : 27도, 습도 : 80%, 시간 : 30분 발효 후 펀치 ⋯⟶ 1시간 발효

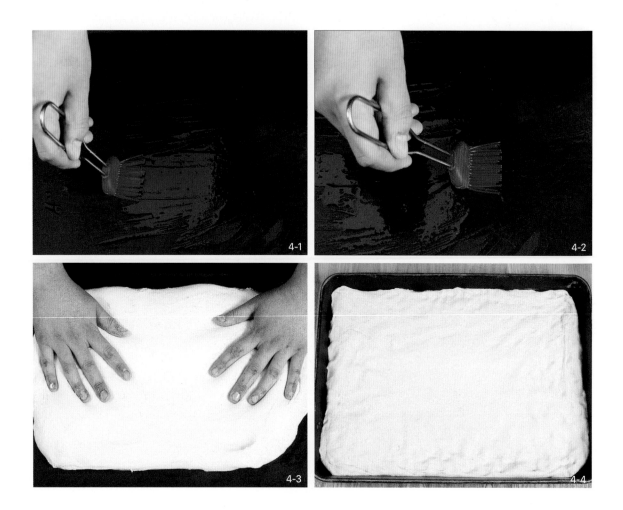

4   철판에 올리브 오일을 골고루 바른다.

5   올리브 오일을 바른 철판에 반죽을 올린 후 손으로 눌러 빈틈 없이 채워준다.

6   2차 발효 온도 : 27도, 습도 : 80%, 시간 : 1시간 30분

7   윗불 220/아랫불 220에서 25분 굽는다.

8   다 구워진 포카치아는 식힘망에 옮긴 후 윗면에 올리브 오일을 발라 식혀준다.

시금치 토마토 포카치아

Ingrédients

강력	330
T-65	260
세몰리나	70
소금	15
이스트 레드	10
사워도우	300
물	520
올리브 오일	140

충전물

시금치, 토마토, 마요네즈
발사믹 오일

반죽양 : 1645g

① 믹싱 1단 1분 - 2단 10분
② 믹싱 완료 후 오일을 바른 철판 윗면을 깔끔하게 정리한 후 발효
③ 1차 발효 30분 후 반죽을 살짝 펴듯이 눌러준다.
1시간 발효
④ 발효 완료 후 반죽 윗면에 올리브 오일을 골고루 바른 후 손가락으로 일정한 간격으로 눌러준다.
⑤ 윗불 220/아랫불 220에서 15분 굽기

시금치 토마토 손질

1 포카치아 1개당 슬라이스 토마토 4조각, 시금치 4잎(깨끗이 씻어 물기 제거)

2 토마토를 올리브 오일을 두른 프라이팬에 중불로 살짝 구워준다.

· 포카치아 참고

1   다 구워진 포카치아를 5cm×15cm 크기로 반듯하게 재단한다.

2   재단한 포카치아 윗면에 마요네즈를 뿌려준다.

3   포카치아 위에 토마토와 시금치를 번갈아 올려준다.

4   토마토와 시금치 위에 파르메산 치즈를 일자로 뿌려 마무리한다.

가지 포카치아

Ingrédients

강력	330
T-65	260
세몰리나	70
소금	15
이스트 레드	10
사워노우	300
물	520
올리브 오일	140

충전물

가지, 베이컨, 데리야키 소스

반죽양 : 1645g

① 믹싱 1단 1분 - 2단 10분
② 믹싱 완료 후 오일을 바른 철판 윗면을 깔끔하게 정리한 후 발효
③ 1차 발효 30분 후 반죽을 살짝 펴듯이 눌러준다. 시간 발효
④ 발효 완료 후 반죽 윗면에 올리브 오일을 골고루 바른 후 손가락으로 일정한 간격으로 눌러준다.
⑤ 윗불 220/아랫불 220에서 15분 굽기
⑥ 구워져 나온 포카치아 윗면에 올리브 오일을 발라준 후 식힌다.
⑦ 완전히 식은 포카치아를 5cm×15cm로 반듯하게 재단한다.
⑧ 포카치아 위에 볶은 가지를 골고루 올린 후 마요네즈를 뿌리고 파슬리로 마무리한다.

• 포카치아 참고

가지 볶음

1 가지를 세로로 자른 후 얇게 슬라이스 한다.
2 베이컨 2장을 얇게 슬라이스 한다.

3 올리브 오일을 두른 프라이팬 베이컨을 먼저 볶아준다.

4 가지를 넣고 가볍게 볶은 후 올리브 오일이 가지에 다 흡수되면 데리야키 소
스를 넣고 살짝 볶는다.

5 1.5cm×15cm로 자른 포카치아 위에 가지 볶음을 올린 뒤 마요네
즈를 뿌리고 파슬리로 마무리한다.

Sweets

단 과 자

양파치즈빵 / 계란빵 / 단팥빵 / 생크림 단팥빵 / 호두 단팥빵

양파치즈빵

Ingrédients

강력	1000
설탕	200
버터	150
소금	20
개량제	30
계란	100
물	360
우유	300
사워도우	300

충전물
양파, 케첩, 마요네즈, 후추
모차렐라

반죽양 : 2460g

① 1단 1분 – 2단 10분
② 둥글리기 후 1차 발효 온도 27도, 습도 80%, 시간 1시간
③ 80g씩 분할한 후 벤치타임 10분
④ 10cm 길이로 밀어주기
⑤ 2차 발효 온도 27도, 습도 80%, 시간 1시간
⑥ 슬라이스한 양파를 올리고 후추, 케첩, 마요네즈, 스위트콘, 모차렐라 치즈를 올려준다.
⑦ 윗불 180/아랫불 180에서 20분 굽기
⑧ 다 구워진 빵 위에 시럽을 바른 후 파슬리를 일자로 뿌려준다.

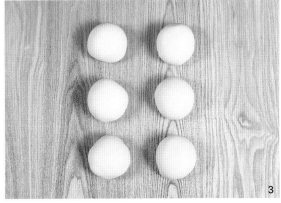

1 충전물을 제외한 모든 재료를 믹싱볼에 넣고 믹싱한다. 1단 1분 ⋯ 2단 10분

2 반죽을 매끄럽게 둥글리기 한 후 1차 발효
  • 온도 : 27도, 습도 : 80%, 시간 : 1시간

3 발효가 끝난 반죽을 80g씩 분할한 후 중간 발효를 10분 정도 한다.

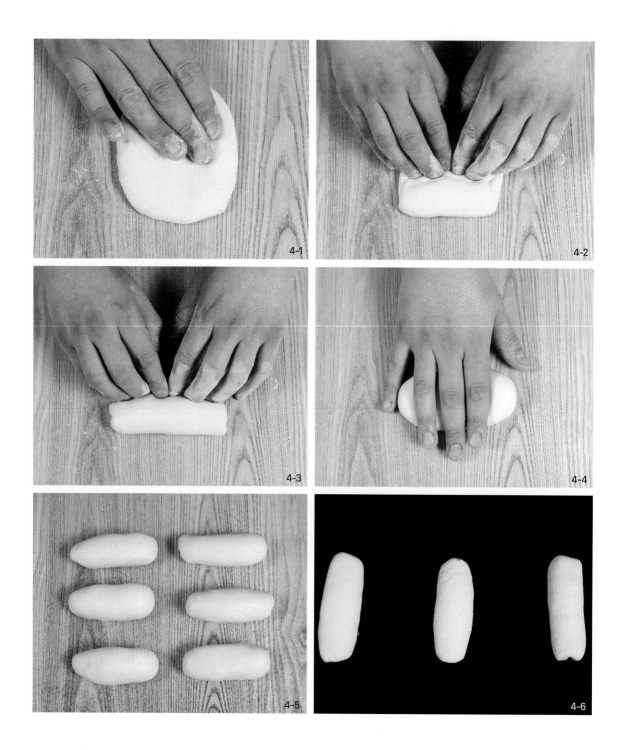

4 중간 발효가 끝난 반죽을 10cm 길이로 밀어 팬닝 후 2차 발효
 • 온도 : 27도, 습도 : 80%, 시간 : 1시간

5   2차 발효가 끝난 반죽 위에 슬라이스한 양파를 빈틈 없이 올린 다음 후추,
    케첩, 마요네즈, 모차렐라 치즈 순으로 올려준다.

6   윗불 180/아랫불 180에서 20분 굽는다.

7   다 구워진 빵은 바로 식힘망으로 옮긴 후 윗면에 시럽을 바르고 파슬리를
    일자로 뿌려 마무리한다.

계란빵

Ingrédients

강력	1000
설탕	200
버터	150
소금	20
개량제	30
계란	100
물	360
우유	300
사워도우	300

충전물

베이컨, 계란, 마요네즈, 후추
체다치즈 소스, 모차렐라

반죽양 : 2460g

① 1단 1분 - 2단 10분

② 둥글리기 후 1차 발효 온도 27도, 습도 80%, 시간 1시간

③ 80g씩 분할한 후 벤치타임 10분

④ 새둥글리기 후 원형 틀에 넣어준다.

⑤ 2차 발효 온도 27도, 습도 80%, 시간 1시간

⑥ 반죽의 정 가운데에 구멍을 뚫고 베이컨으로 벽을 만들고 마요네즈, 계란, 체다치즈 소스, 후추, 모차렐라 치즈를 올려준다.

⑦ 윗불 180/아랫불 180에서 20분 굽기

⑧ 구워진 빵 위에 시럽을 바른 후 파슬리를 뿌려준다.

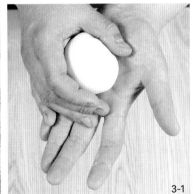
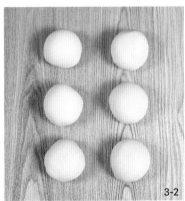

1 충전물을 제외한 모든 재료를 믹싱볼에 넣고 믹싱한다. 1단 1분 ⋯⟶ 2단 10분

2 반죽을 매끄럽게 둥글리기 한 후 1차 발효

　• 온도 : 27도, 습도 : 80%, 시간 : 1시간

3 발효가 끝난 반죽을 80g씩 분할한 후 중간 발효를 10분 정도 한다.

4-1

4-2

4-3

4 중간 발효가 끝난 반죽을 재둥글리기 한 후 틀에 넣고 2차 발효

　• 온도 : 27도, 습도 : 80%, 시간 : 1시간

5 2차 발효가 끝난 반죽 가운데에 구멍을 뚫은 후 베이컨
   으로 벽을 만들어 준다. 구멍에 마요네즈를 짜고 계란을
   넣고 체다치즈 소스, 후추, 모차렐라 치즈를 올려준다.

6 윗불 180/아랫불 180에서 20분 굽는다.

7 윗면에 시럽을 바르고 파슬리를 일자로 뿌려 마무리한다.

단팥빵

Ingrédients

강력	1000
설탕	200
버터	150
소금	20
개량제	30
계란	100
물	360
우유	300
사워도우	300

반죽양 : 2460g

① 1단 1분 - 2단 10분
② 둥글리기 후 1차 발효 온도 27도, 습도 80%, 시간 1시간
③ 80g씩 분할한 후 벤치타임 10분
④ 길잉금 80g씩 씨기
⑤ 2차 발효 온도 27도, 습도 80%, 시간 1시간
⑥ 윗면에 계란물을 바른 후 깨로 장식
⑦ 윗불 180/아랫불 180에서 20분 굽기
⑧ 다 구워진 빵 위에 시럽을 바른 후 파슬리를 일자로 뿌려준다.

2

3-1

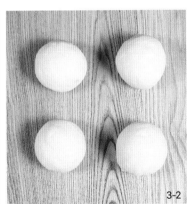

3-2

1 충전물을 제외한 모든 재료를 믹싱볼에 넣고 믹싱한다. 1단 1분 ⋯➔ 2단 10분

2 반죽을 매끄럽게 둥글리기 한 후 1차 발효
• 온도 : 27도, 습도 : 80%, 시간 : 1시간

3 발효가 끝난 반죽을 80g씩 분할한 후 중간 발효한다.

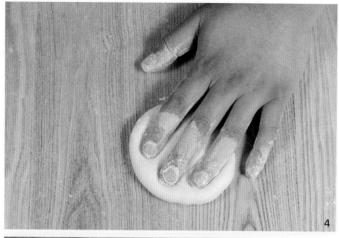

4 중간 발효가 끝난 반죽을 살짝 눌러 가스를 뺀다.

5 가스를 뺀 반죽에 팥앙금을 80g씩 싸준다.

6 밑면을 꼬집어 붙여 팬닝한다.

7 팬닝한 단팥빵 정중앙을 목란으로 눌러준다.

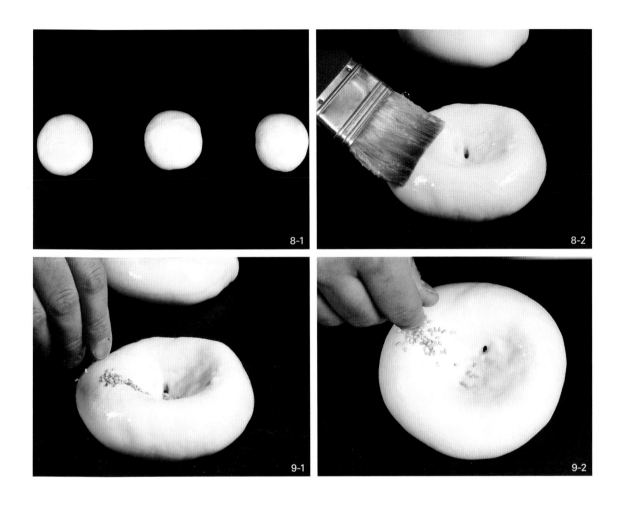

8　2차 발효 온도 : 27도, 습도 : 80%, 시간 : 1시간 후
　　윗면에 계란물을 발라준다.

9　일자로 깨를 뿌려준다.

10　윗불 180/아랫불 180에서 20분 굽는다.

11　구워져 나온 빵에 계란물을 한 번 더 발라준다.

생크림 단팥빵

Ingrédients

강력	1000
설탕	200
버터	150
소금	20
개량제	30
세틴	100
물	360
우유	300
사워도우	300

충전물

생크림	300
설탕	30

반죽양 : 2460g

① 1단 1분 – 2단 10분
② 둥글리기 후 1차 발효 온도 27도, 습도 80%, 시간 1시간
③ 80g씩 분할한 후 벤치타임 10분
④ 팥앙금 80g씩 싸기
⑤ 2차 발효 온도 27도, 습도 80%, 시간 1시간
⑥ 윗면에 계란물을 바른 후 깨로 장식
⑦ 윗불 180/아랫불 180에서 20분 굽기
⑧ 다 식은 단팥빵 옆면에 구멍을 뚫은 후 생크림을 짜준다.

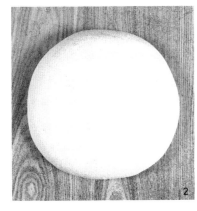  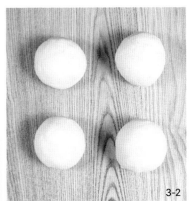

1 충전물을 제외한 모든 재료를 믹싱볼에 넣고 믹싱한다. 1단 1분 ⋯ 2단 10분

2 반죽을 매끄럽게 둥글리기 한 후 1차 발효
   • 온도 : 27도, 습도 : 80%, 시간 : 1시간

3 발효가 끝난 반죽을 80g씩 분할한 후 중간 발효한다.

4 중간 발효가 끝난 반죽을 살짝 눌러 가스를 뺀다.

5 가스를 뺀 반죽에 팥앙금을 80g씩 싸준다.

6 밑면을 꼬집어 붙여 팬닝한다.

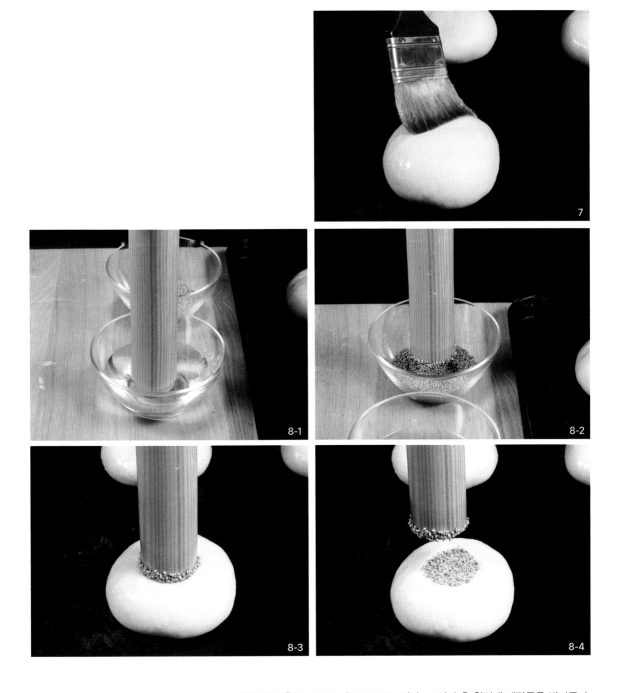

7 2차 발효 온도 : 27도, 습도 : 80%, 시간 : 1시간 후 윗면에 계란물을 발라준다.

8 밀대 끝에 물을 묻히고 깨에 담가 깨를 묻힌 후 빵 반죽의 정 가운데를 살짝 눌러준다.

9 윗불 180/아랫불 180에서 20분 굽는다.

10 구워져 나온 빵에 계란물을 한 번 더 바른 후 완전히 식혀준다.

11 완전히 식힌 단팥빵 옆면에 구멍을 뚫어 생크림을 30g씩 짜준다.

호두 단팥빵

Ingrédients

강력	1000
설탕	200
버터	150
소금	20
개량제	30
계란	100
물	360
우유	300
사워도우	300
충전물	
호두	150

반죽양 : 2460g

① 1단 1분 – 2단 10분 – 충전물 투입 후 1단 1분
② 둥글리기 후 1차 발효 온도 27도, 습도 80%, 시간 1시간
③ 80g씩 분할한 후 벤치타임 10분
④ 팥앙금 80g씩 싸기
⑤ 2차 발효 온도 27도, 습도 80%, 시간 1시간
⑥ 윗면에 계란물을 바른 후 깨로 장식
⑦ 윗불 180/아랫불 180에서 20분 구운 후 계란물을 한 번 더 발라준다.

1   충전물을 제외한 모든 재료를 믹싱볼에 넣고 믹싱한다. 1단 1분 ⋯ 2단 10분

2   반죽을 매끄럽게 둥글리기 한 후 1차 발효
　　• 온도 : 27도, 습도 : 80%, 시간 : 1시간

3   발효가 끝난 반죽을 80g씩 분할한 후 중간 발효한다.

4 중간 발효가 끝난 반죽을 살짝 눌러 가스를 뺀다.

5 가스를 뺀 반죽에 팥앙금을 80g씩 싸준다.

6 밑면을 꼬집어 붙여 팬닝한다.

7 팬닝한 단팥빵 정중앙을 목란으로 눌러준다.

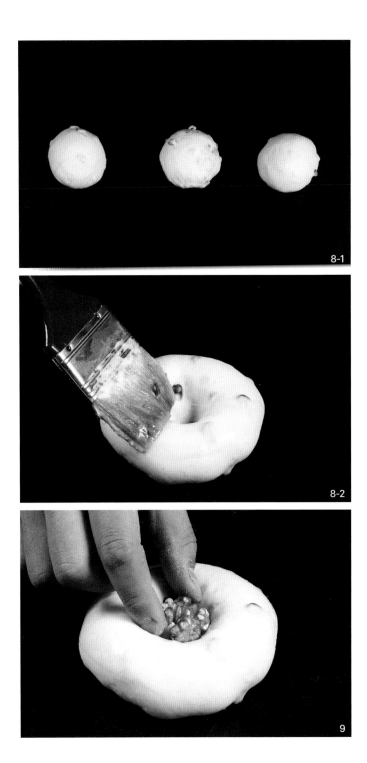

8-1

8-2

9

8   2차 발효 온도 : 27도, 습도 : 80%, 시간 : 1시간 후 윗면에 계란물을 발라준다.

9   중앙에 호두 반태를 하나 올려준다.

10   윗불 180/아랫불 180에서 20분 굽는다.

11   구워져 나온 빵에 계란물을 한 번 더 발라준다.

Water roux starter

탕종

탕종 식빵 / 소금빵/ 탕종 단팥빵 / 탕종 슈크림빵 / 탕종 티라미수 크림빵

탕종 식빵

Ingrédients

탕종

물	900
강력	180
설탕	15
소금	15

본반죽

강력	1400
소금	10
설탕	10
이스트 골드	10
물	150
우유	100
생크림	90
사워도우	700
탕종	1100

반죽양 : 3570g

① 1단 1분 - 2단 10분

② 1차 발효 온도 27도, 습도 80%, 시간 1시간 30분

③ 분할 500g, 벤치타임 10분

④ 밀대로 밀어 펴서 성형

⑤ 2차 발효 온도 27도, 습도 80%, 시간 1시간 30분

⑥ 윗불 160/아랫불 180에서 50분 굽기

탕종 끓이기

1 냄비에 물, 강력분을 넣고 휘퍼로 가볍게 섞어준다.(바로 섞지 않으면 덩어리가 생긴다.)

2 설탕과 소금을 넣고 다시 한번 섞어준다.

3 냄비 바닥을 계속 긁으면서 중불로 끓여준다.

4 냄비 바닥을 긁으며 저어주는데도 기포가 올라올 때까지 끓여준다.

5 다 끓인 탕종은 반드시 식힌 후 사용한다.

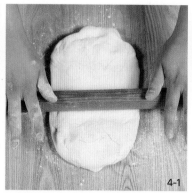

본반죽

1 모든 재료를 믹싱볼에 넣은 후 믹싱한다. 1단 1분 ⋯ 2단 10분

2 반죽을 둥글리기 해 매끄럽게 만든 뒤 1차 발효한다.

  • 온도 : 27도, 습도 : 80%, 시간 : 1시간

3 1차 발효가 끝난 반죽은 500g으로 분할한 후 타원형으로 만들어 10분간 중간 발효한다.

4 중간 발효가 끝난 반죽은 밀대로 길게 밀어 3절로 접고 90도로 돌려 단단하게 말아 원 로프로 성형한다.

5　성형이 끝난 반죽은 옆면에 버터칠을 한 틀에 넣고 2차 발효한다.

　　· 2차 발효 온도 : 27도, 습도 : 80%, 시간 : 1시간 30분

6　윗불 160/아랫불 180에서 25분 ⋯➔ 불문 열고 25분 굽는다.

7　구워져 나온 식빵은 쇼크를 준 후 틀에서 뺀 뒤 윗면에 시럽을 발라 마무리 한다.

소금빵

Ingrédients

탕종

물	900
강력	180
설탕	15
소금	15

본반죽

강력	1400
소금	10
설탕	10
이스트 골드	10
물	150
우유	100
생크림	90
사워도우	700
탕종	1100

충전물

버터

반죽양 : 3570g

① 1단 1분 - 2단 10분

② 1차 발효 온도 27도, 습도 80%, 시간 1시간

③ 분할 100g, 벤치타임 10분

④ 올챙이 모양으로 밀고 벤치타임 10분

⑤ 일정하게 밀대로 밑이 편 후 버터를 올려 말아서 성형

⑥ 2차 발효 온도 27도, 습도 80%, 시간 1시간 30분

⑦ 윗불 180/아랫불 180에서 20분 굽기

⑧ 완전히 식은 빵 위에 시럽을 바른 후 소금 뿌리기

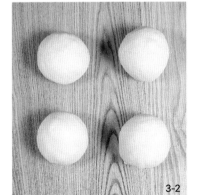

1 모든 재료를 믹싱볼에 넣은 후 믹싱한다. 1단 1분 ⋯→ 2단 10분

2 반죽을 둥글리기 해 매끄럽게 만든 뒤 1차 발효한다.
온도 : 27도, 습도 : 80%, 시간 : 1시간

3 1차 발효가 끝난 반죽은 100g으로 분할한 후 타원형으로 만들어 10분간 중간 발효한다.

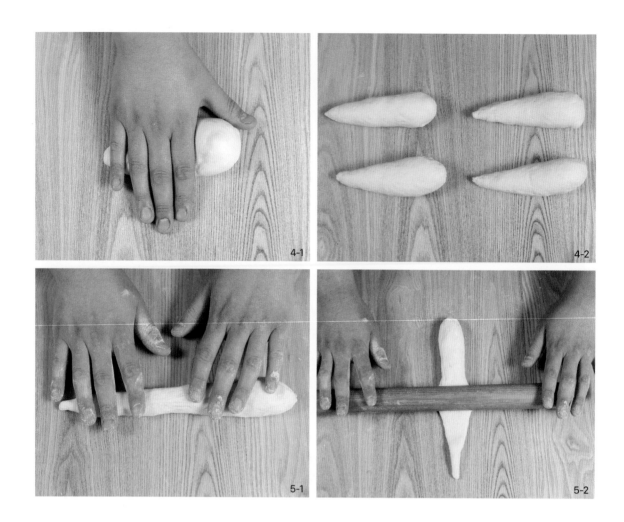

4   중간 발효가 끝난 반죽은 올챙이 모양으로 밀어준다.

5   얇은 쪽이 위로 가게 둔 뒤 밀대를 이용해 삼각형 모양으로 밀어준다.

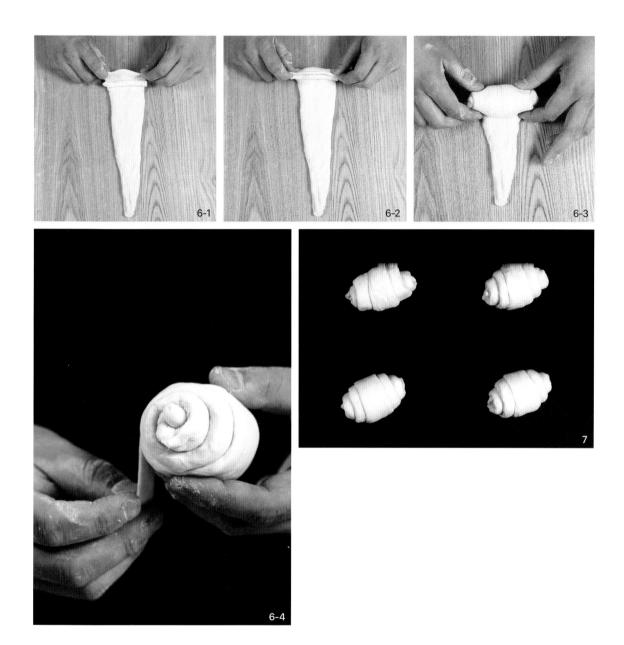

6-1

6-2

6-3

6-4

7

6 아래쪽에 버터를 한 소각 올린 후 그루아상을 말 듯이 단단
　 하게 말아 준다.

7 공간을 여유롭게 두고 팬닝한 뒤 2차 발효한다.
　 • 온도 : 27%, 습도 : 80%, 시간 : 1시간 30분

8 윗불 180/아랫불 180에서 20분 굽는다.

9 구워져 나온 소금빵은 식힘망에 옮겨 완전히 식힌 뒤 윗면에
　 시럽을 바르고 소금을 올려준다.

Water roux starter

탕종 단팥빵

Ingrédients

강력	1000
설탕	200
버터	150
소금	20
개량제	30
계란	100
물	360
우유	300
사워도우	300

충전물

생크림	300
설탕	30

반죽양 : 2460g

① 1단 1분 - 2단 10분
② 1차 발효 온도 27도, 습도 80%, 시간 1시간
③ 분할 80g, 벤치타임 15분
④ 올챙이 모양으로 밀고 벤치타임 10분
⑤ 인전하게 밀대로 밀어 편 후 버터를 올려 막아서 성형
⑥ 2차 발효 온도 27도, 습도 80%, 시간 1시간
⑦ 윗불 180/아랫불 180에서 20분 굽기
⑧ 완전히 식은 빵 위에 시럽을 바른 후 소금 뿌리기

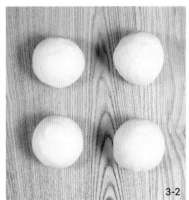

1 충전물을 제외한 모든 재료를 믹싱볼에 넣고 믹싱한다. 1단 1분 ⋯ 2단 10분

2 반죽을 매끄럽게 둥글리기 한 후 1차 발효
• 온도 : 27도, 습도 : 80%, 시간 : 1시간

3 발효가 끝난 반죽을 80g씩 분할한 후 중간 발효를 15분 정도 한다.

4 중간 발효가 끝난 반죽을 살짝 눌러 가스를 뺀다.

5 가스를 뺀 반죽에 팥앙금을 80g씩 싸준다.

6 밑면을 꼬집어 붙여 팬닝한다.

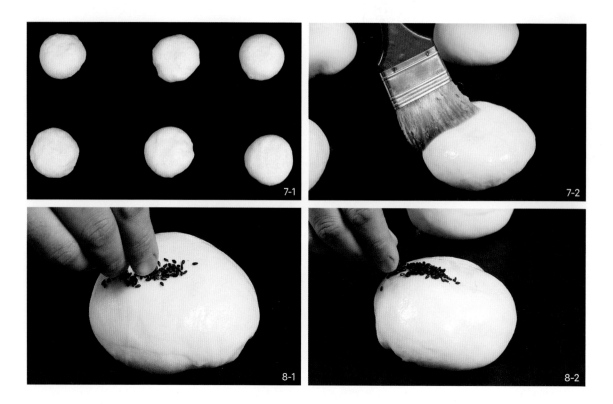

7 2차 발효 온도 : 27도, 습도 : 80%, 시간 : 1시간 후 윗면에 계란물을 발라준다.

8 밀대 끝에 물을 묻혀 깨를 찍은 후 빵 반죽의 정 가운데에 살짝 눌러준다.

9 윗불 180/아랫불 180에서 20분 굽는다.

10 구워져 나온 빵에 계란물을 한 번 더 바른 후 완전히 식혀준다.

11 완전히 식힌 단팥빵 옆면에 구멍을 뚫어 생크림을 30g씩 짜준다.

탕종 슈크림빵

Ingrédients

강력	1400
소금	10
설탕	10
이스트 골드	10
물	150
우유	100
생크림	90
사워도우	700
탕종	1100
충전물	
크리미비트	200
우유	600

반죽양 : 3570g

① 1단 1분 - 2단 10분

② 1차 발효 온도 27도, 습도 80%, 시간 1시간

③ 분할 80g, 벤치타임 10분

④ 반죽에 커스터드 크림을 50g씩 싼다.

⑤ 팬닝 후 목란으로 눌러준다.

⑥ 2차 발효 온도 27도, 습도 80%, 시간 1시간 30분 후 가운데에 커스터드 크림을 짜준다.

⑦ 윗불 180/아랫불 180에서 20분 구운 후 시럽을 발라준다.

  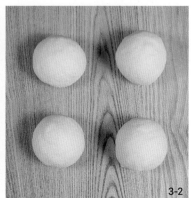

1 모든 재료를 믹싱볼에 넣은 후 믹싱한다. 1단 1분 ⋯ 2단 10분

2 반죽을 둥글리기 해 매끄럽게 만든 뒤 1차 발효한다.
   • 온도 : 27도, 습도 : 80%, 시간 : 1시간

3 1차 발효가 끝난 반죽은 80g씩 분할한 후 10분간 중간 발효한다.

4   중간 발효가 끝난 반죽은 살짝 눌러 가스를 뺀 후 커스터드 크림을 50g씩
    싸준다.

5   반죽의 가운데를 목란으로 누른 후 2차 발효
    • 온도 : 27도, 습도 : 85%, 시간 : 1시간 30분

6   발효가 끝난 반죽 가운데에 슈크림을 짠다.

7   윗불 180/아랫불 180에서 20분 굽는다.

8   완전히 식힌 빵을 열어 커스터드 크림을 짜준 뒤 윗면에 시럽을 발라 마무
    리한다.

탕종 티라미수 크림빵

Ingrédients

강력	1400
소금	10
설탕	10
이스트 골드	10
물	150
우유	100
생크림	90
사워도우	700
탕종	1100

충전물

생크림	180
마스카르포네	300
크림치즈	
설탕	20
연유	60
카카오 파우더, 커피시럽	

반죽양 : 3570g

① 1단 1분 - 2단 10분

② 1차 발효 온도 27도, 습도 80%, 시간 1시간

③ 분할 80g, 벤치타임 10분

④ 반죽을 밀대로 일정한 두께로 밀어 준 뒤 단단하게 말아 성형한다.

⑤ 2차 발효 온도 27도, 습도 80%, 시간 1시간 30분

⑥ 윗불 180/아랫불 180에서 20분 굽기

⑦ 완전히 식은 빵을 칼로 반을 잘라 빵 안쪽에 커피 시럽을 바르고 크림을 짠 뒤 윗면에 카카오 파우더를 뿌려 마무리한다.

  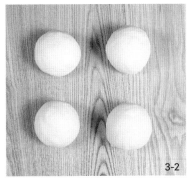

1   모든 재료를 믹싱볼에 넣은 후 믹싱한다. 1단 1분 ⋯➔ 2단 10분

2   반죽을 둥글리기 해 매끄럽게 만든 뒤 1차 발효한다.
   • 온도 : 27도, 습도 : 80%, 시간 : 1시간

3   1차 발효가 끝난 반죽은 80g씩 분할한 후 10분간 중간 발효한다.

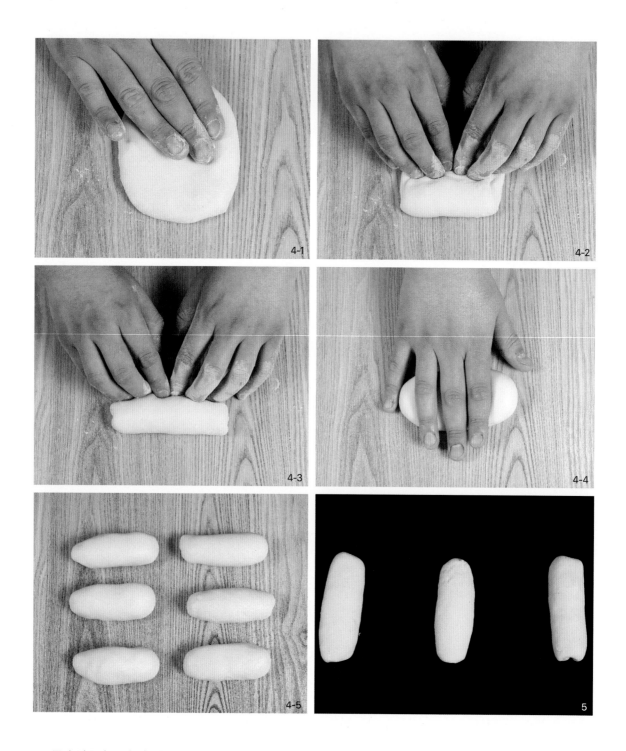

4 중간 발효가 끝난 반죽은 밀대로 일정한 두께로 밀어준
뒤 단단하게 말아준다.

5 2차 발효 온도 : 27도, 습도 : 80%, 시간 : 1시간 30분

6 윗불 180/아랫불 180에서 20분 굽는다.

7 안전히 식힌 빵을 칼로 반을 잘라 빵 안쪽에 커피 시럽을 바르고 크림을 짠 뒤 윗면에 카카오 파우더를 뿌려준다.

283

Christmas bread

크리스마스 빵

슈톨렌 / 구겔호프

슈톨렌

Ingrédients

중종 반죽

강력	80
중력	120
이스트 골드	10
계란	50
우유	80

본반죽

강력	80
중력	120
시나몬	2
설탕	40
소금	5
버터	40
우유	30

충전물

건포도	400
레몬필	100
아몬드	50
호두	50
마지팬	500
데코 스노우	

반죽양 : 1350g

① 1단 1분 - 2단 10분

② 1차 발효 온도 27도, 습도 80%, 시간 1시간

③ 분할 80g, 벤치타임 15분

④ 반죽을 밀대로 일정한 두께로 밀어 준 뒤 단단하게 말아 성형한다.

⑤ 2차 발효 온도 27도, 습도 80%, 시간 1시간

⑥ 윗불 200/아랫불 200에서 17분 굽기

⑦ 완전히 식은 빵을 칼로 반을 잘라 빵 안쪽에 커피 시럽을 바르고 크림을 짠 뒤 윗면에 데코 스노우를 뿌려 마무리한다.

중종반죽

1 모든 재료를 넣고 믹싱한다.
  1단 2분

2 믹싱이 끝난 반죽은 마르지 않게 밀봉하여 발효한다.

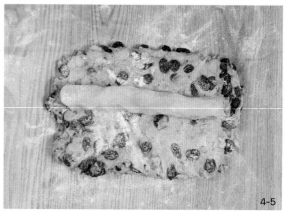

본반죽

1 중종반죽과 충전물을 제외한 모든 재료를 넣고 믹싱한다.

1단 1분 ⋯→ 2단 5분 충전물을 넣고 1단으로 섞어준다.

2 반죽을 매끄럽게 둥글리기 한 후 1차 발효한다.

• 온도 : 27도, 습도 : 80%, 시간 : 1시간

3 1차 발효가 끝난 반죽은 330g씩 분할한 후 벤치타임 30분

4 벤치타임이 끝난 반죽은 밀대로 길게 밀어 준 후 마지팬 가운데에 올리고 반죽으로 덮어준다.

5   반죽의 가운데를 밀대로 살짝 눌러 슈톨렌 모양을 만들고 팬닝하여 2차 발효
    · 온도 : 27도, 습도 : 80%, 시간 : 1시간

6   윗불 200/아랫불 200에서 17분 굽는다.

7   구워져 나온 슈톨렌은 살짝 식힌 후 녹인 버터에 빠뜨려 전체 코팅한다.

8   버터가 굳기 전에 데코 스노우를 전체 면적에 묻히고 식힘망에 옮겨 윗면에
    살짝 쌓일 정도로 뿌려준다.

9   다 식은 슈톨렌은 랩핑하여 24시간 숙성한다.

구겔호프

Ingrédients

강력	1000
설탕	300
버터	500
소금	20
노른자	4ea
꿀	100
우유	500
사워도우	300

충전물

레몬필	50
건포도	100
크랜베리	100
다크럼	

반죽양 : 3030g

① 1단 1분 - 2단 10분 - 충전물 넣기

② 둥글리기 후 1차 발효 온도 27도, 습도 80%, 시간 1시간

③ 분할 200g 둥글리기 후 틀에 팬닝

④ 2차 발효 온도 27도, 습도 80%, 시간 1시간, 틀 90% 까지 발효

⑤ 윗면에 계란물을 바른 후 아몬드 슬라이스를 올려준다.

⑥ 윗불 180/아랫불 180에서 20분 굽기

⑦ 다 구워진 빵 위에 시럽을 발라준다.

1 모든 재료를 믹싱볼에 넣고 믹싱한다.

  • 1단 1분 ⋯➔ 2단 10분 충전물을 넣은 후 1단으로 믹싱

2 반죽을 매끄럽게 둥글리기 한 후 1차 발효한다.

  • 온도 : 27도, 습도 : 80%, 시간 : 1시간

3-1　3-2　3-3　3-4　3-5　3-6

3 　발효가 끝난 반죽은 200g씩 분할한 후 둥글리기 해 파네토네 틀에 팬닝한다.

4 　2차 발효 온도 : 27도, 습도 : 80%, 시간 : 1시간 동안 틀의 90%까지 발효한다.

3-7

3-8

3-9

5 굽기 전 윗면에 계란물을 바른 후 아몬드 슬라이스를 올려준다.

6 윗불 180/아랫불 180에서 20분 구운 후 윗면에 시럽을 바르고 식
힘망에 옮겨 완전히 식혀준다.

Profile

이주영

- 대한민국 제과기능장
- 세종대학교 관광대학원 석사
- 프랑스 Le Cordon Bleu(Paris)
  Diplome De Pâtisserie 취득
- 프랑스 Fauchon(Paris) 근무
- 프랑스 Accord École Langue Certificat
- L' Ecole bellouet conseil(petits gâteaux certificat)
- WACS 조리기술 심사위원(보건복지부)
- SIBA 봉봉쇼콜라 전시부문 기술상 수상
- 평생교육 학점은행제 전문위원
- 서울 살롱 뒤 쇼콜라(Salon du chocolat) 자문위원
- 대경대학교 호텔제과제빵학과 교수
- 현) 서울현대직업전문학교 호텔제과제빵 교수

이재상

- 대한민국 조리기능장
- 롯데호텔 조리팀 총주방장(제주, 시그니엘, 서울)
- 한국산업인력공단 기능사, 산업기사, 기능장 심사위원 및 출제위원
- 국제기능올림픽 선발전 문제출제 및 검토위원
- 국무총리상(2015), 보건복지부장관상(2018,2004), 환경부 장관상(2015), 안전행정부장관상(2014) 수상
- 현) 경동대학교 호텔조리학과 교수

이준열

- 대한민국 제과명장 1호
- 대한민국 제과기능장
- 경희대학교 대학원 박사
- 창신대학교 호텔조리과 교수
- 스위스그랜드 호텔 제과과장, 서울교육문화회관 제과과장
- 노보텔 앰배서더 강남 제과과장, 리츠칼튼 호텔 제과과장
- 메리어트 호텔 제과과장
- 지방기능경기대회 심사장
- 서울국제요리경연대회(단체 및 개인부문) 최우수상 수상
- 서울특별시장 표창장, 창원시 국회의원 표창장 수상
- 현) 서정대학교 호텔조리과 교수

윤형준

- 세종 호텔경영학과 석사
- 동경 제과학교 양과자 Certificate
- 2015 ACADECO 제빵 라이브 은상
- 2016 ACADECO 제빵 라이브 동상
- 그랜드 하얏트 서울 근무
- 현) 구갈 브래드랩 대표
  원썸 디저트 대표

저자와의
합의하에
인지첩부
생략

베이킹 마스터 **특수빵**

2022년 8월 20일 초판 1쇄 인쇄
2022년 8월 25일 초판 1쇄 발행

지은이 이주영·이준열·이재상·윤형준
펴낸이 진욱상
펴낸곳 (주)백산출판사
교   정 박시내
본문디자인 신화정
표지디자인 오정은

등   록 2017년 5월 29일 제406-2017-000058호
주   소 경기도 파주시 회동길 370(백산빌딩 3층)
전   화 02-914-1621(代)
팩   스 031-955-9911
이메일 edit@ibaeksan.kr
홈페이지 www.ibaeksan.kr

ISBN 979-11-6567-551-6 13590
값 35,000원